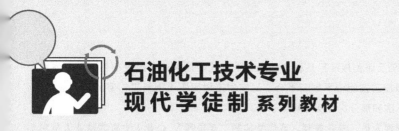

石油化工技术专业
现代学徒制 系列教材

石油化工技术专业人才培养方案及课程标准

齐向阳　王树国　主编

化学工业出版社

·北京·

《石油化工技术专业人才培养方案及课程标准》是教育部第二批现代学徒制试点建设项目、辽宁省职业教育"双师型"名师工作室和教师技艺技能传承创新平台、辽宁省王树国职工创新工作室的建设成果。内容包括人才培养方案、理论课程标准和部分岗位实习标准。

　　本书可作为职业院校教学行政管理人员、专业教师,现代学徒制"双导师"、企业人力资源从业人员和从事现代学徒制研究人员的参考用书。

图书在版编目(CIP)数据

石油化工技术专业人才培养方案及课程标准/齐向阳,王树国主编.—北京:化学工业出版社,2019.10

　　ISBN 978-7-122-35348-1

　　Ⅰ.①石… Ⅱ.①齐…②王… Ⅲ.①石油化学工业-专业人才-人才培养-课程标准-高等职业教育-教材 Ⅳ.①TE65

　　中国版本图书馆CIP数据核字(2019)第223208号

责任编辑:王海燕　　　　　　　　　　　　装帧设计:王晓宇
责任校对:刘曦阳

出版发行:化学工业出版社(北京市东城区青年湖南街13号　邮政编码100011)
印　　装:北京七彩京通数码快印有限公司
787mm×1092mm　1/16　印张7¾　字数178千字　2020年2月北京第1版第1次印刷

购书咨询:010-64518888　　　　　　　　售后服务:010-64518899
网　　址:http://www.cip.com.cn
凡购买本书,如有缺损质量问题,本社销售中心负责调换。

定　　价:39.00元

序言

2014年2月26日召开的国务院常务会议确定了加快发展现代职业教育的任务措施，提出"开展校企联合招生、联合培养的现代学徒制试点"。《国务院关于加快发展现代职业教育的决定》，对"开展校企联合招生、联合培养的现代学徒制试点，完善支持政策，推进校企一体化育人"做出具体要求，标志现代学徒制已经成为国家人力资源开发的重要战略。

2014年8月，教育部印发《关于开展现代学徒制试点工作的意见》，制订了工作方案。

2015年7月24日，人力资源和社会保障部、财政部联合印发了《关于开展企业新型学徒制试点工作的通知》，对以企业为主导开展的学徒制进行了安排。发改委、教育部、人社部联合国家开发银行印发了《老工业基地产业转型技术技能人才双元培育改革试点方案》，核心内容也是校企合作育人。

现代学徒制有利于促进行业、企业参与职业教育人才培养全过程，以形成校企分工合作、协同育人、共同发展的长效机制为着力点，以注重整体谋划、增强政策协调、鼓励基层首创为手段，通过试点、总结、完善、推广，形成具有中国特色的现代学徒制度。

2015年8月5日，教育部遴选165家单位作为首批现代学徒制试点单位和行业试点牵头单位。

2017年8月23日，教育部确定第二批203个现代学徒制试点单位。辽宁石化职业技术学院成为现代学徒制试点建设单位之一。

辽宁石化职业技术学院与盘锦浩业化工有限公司校企合作，共同研讨石油化工技术专业的课程体系建设，充分发挥企业在现代学徒制实施过程中的主体地位，坚持岗位成才的培养方式，按照工学交替的教学组织形式，初步完成基于工作过程的工作手册式教材尝试。

本系列教材是教育部第二批现代学徒制试点建设项目、辽宁省职业教育"双师型"名师工作室和教师技艺技能传承创新平台、辽宁省王树国职工创新工作室的建设成果。力求体现企业岗位需求，将理论与实践有机融合，将在校学习内容和企业工作内容相互贯通。教材内容的选取遵循学生职业成长发展规律和认知规律，按职业能力培养的层次性、递进性深化教材内容；以企业岗位能力要求及实际工作中的典型工作任务为基础，从工作任务出发设计教材结构。

本系列教材在撰写过程中，参考和借鉴了国内现代学徒制的研究成果，借本书出版之际，特表示感谢。由于编者水平有限，加之现代学徒制试点经验不足，方向把握不准，难免存在漏误，敬请专家、读者批评指正。

辽宁石化职业技术学院
2019 年 8 月

前言

　　为了进一步深化产教融合，创新校企协同育人机制，培养满足区域经济发展和石化产业转型升级需要的高素质技术技能型人才，辽宁石化职业技术学院 2017 年联合盘锦浩业化工有限公司开展石油化工技术专业人才的现代学徒制培养计划，当年获批为教育部第二批现代学徒制试点单位。

　　针对企业三年后拟安排现代学徒制试点专业毕业生在催化裂化、延迟焦化、连续重整、加氢裂化、加氢改质、加氢精制 6 个车间一线岗位的实际需求，校企创新"岗位定制式"人才培养模式，构建现代学徒制试点班岗位方向多元化、学习内容模块化、课程教学一体化、通用技能专门化、岗位技能差异化的课程体系。共同研究制定人才培养专业教学标准、课程标准、实训标准、岗位成才标准，及时将新技术、新工艺、新规范纳入教学标准和教学内容，学院侧重于规划学生的学习与训练内容，对学生学习情况进行跟踪管理与绩效考核；盘锦浩业化工有限公司侧重于制定师傅选用标准、师带徒管理与补贴制度，并对师带徒的过程与绩效进行监督考核，校企双方经常沟通与联系，保证学习效果。推动专业教师、教材、教法"三教"改革，推进工学交替、项目教学、案例教学、情景教学、工作过程导向教学，推广混合式教学、理实一体教学、模块化教学等新型教学模式改革。

　　本书是教育部第二批现代学徒制试点建设项目、辽宁省职业教育"双师型"名师工作室和教师技艺技能传承创新平台、辽宁省王树国职工创新工作室的建设成果。本书由辽宁石化职业技术学院齐向阳、盘锦浩业化工有限公司王树国担任主编，齐向阳负责全书的内容规划和统稿。辽宁石化职业技术学院齐向阳、盘锦浩业化工有限公司王树国编写了第 1 章；辽宁石化职业技术学院齐向阳、张静波、张跃东、侯海晶、么志丹、王壮坤、隋博远、马菲、王晶晶、刘小隽、杜凤、张辉、孙晓琳、孙志岩，盘锦浩业化工有限公司王树国、牟文洲、张志军、李晓军、孙玉臣、代博宁、任玉贺、郑伟康、朱晓影、贾丽、高宏、姜山编写了第 2 章；辽宁石化职业技术学院齐向阳、盘锦浩业化工有限公司王树国、牟文洲、张志军、冯新宇、李晓军、张强、孙玉臣、代博宁、任玉贺、马启唯、郑伟康、王鸿达、张旭、张晓辉、刘占友编写了第 3 章。

　　本书在编写过程中，得到了辽宁石化职业技术学院的领导和教师、盘锦浩业化工有限公司工程技术人员、化学工业出版社的支持和帮助，在此表示衷心感谢。由于现代学徒制人才培养工作还处于实践探索阶段，书中难免存在欠妥之处，敬请广大读者批评指正。

编　者

2019 年 8 月

目录

第1章 人才培养方案 ·· 1

1.1 方案编制依据 ·· 1

1.2 基本规范 ·· 1

1.3 培养目标 ·· 2

1.4 课程体系 ·· 4

1.5 教学条件 ··· 10

1.6 毕业条件 ··· 13

1.7 相关说明 ··· 14

第2章 理论课程标准 ··· 17

2.1 计算机应用基础课程标准 ·· 17

2.2 有机化学课程标准 ··· 20

2.3 化工识图与CAD课程标准 ·· 26

2.4 浩业企业管理课程标准 ··· 31

2.5 化工原理课程标准 ··· 37

2.6 化工机械与钳工技术课程标准 ·· 47

2.7 化工控制及电工技术课程标准 ·· 53

2.8 石油及产品分析技术课程标准 ·· 59

2.9 化工安全技术课程标准 ··· 65

2.10 300万吨/年浩业常减压蒸馏工艺课程标准 ······································ 69

2.11 40万吨/年浩业深度加氢工艺课程标准 ··· 75

2.12 120万吨/年浩业连续重整工艺课程标准 ·· 79

2.13 140万吨/年浩业催化裂化工艺课程标准 ·· 83

2.14 140万吨/年浩业延迟焦化工艺课程标准 ·· 88

第 3 章 岗位实习标准 ·································· 95

3. 1 300 万吨/年浩业常减压蒸馏工艺实习标准 ·························· 95

3. 2 40 万吨/年浩业深度加氢工艺实习标准 ···························· 99

3. 3 120 万吨/年浩业连续重整工艺实习标准 ·························· 103

3. 4 140 万吨/年浩业催化裂化工艺实习标准 ·························· 108

3. 5 40 万吨/年浩业延迟焦化工艺实习标准 ·························· 113

第1章

人才培养方案

1.1 方案编制依据

本方案根据《辽宁石化职业技术学院"十三五"规划》《辽宁石化职业技术学院石油化工技术专业建设方案》相关要求，结合《教育部办公厅关于做好 2017 年度现代学徒制试点工作的通知》（教职成厅函〔2017〕17 号）等文件精神，以及盘锦浩业化工有限公司发展的人才需求编制，目的在于加快辽宁省现代职业教育体系建设的进程，促进现代学徒制试点工作，实现技术技能人才的系统培养，按照"招生即招工、入校即入厂、校企联合培养"的工作思路，满足盘锦浩业化工有限公司发展的人才需求。

1.2 基本规范

专业名称：石油化工技术

专业代码：570203

招生对象：高中生源

学制与学历：3 年制　专科

岗位分类：初始岗位与发展岗位

1.2.1 初始岗位

面向盘锦浩业化工有限公司从事石油化工和有机化工产品及通用化工产品的生产、管理与工艺操作岗位；参与化工产品检验、生产工艺技术改造、化工安全防护管理和石油化工产品营销等工作。

1.2.2 发展岗位

经过个人努力进行职业发展规划，可从事盘锦浩业化工有限公司石油化工产品生产管理、技术管理、安全管理及质量管理等工作。石油化工技术专业岗位群见表 1.1。

表 1.1　石油化工技术专业岗位群

就业范围	初始岗位群（毕业 3 年内）	发展岗位群（毕业 3 年后）
盘锦浩业化工有限公司	原料预处理车间外操岗	原料预处理车间内操岗、班长岗
	深度加氢车间外操岗	深度加氢车间内操岗、班长岗
	连续重整车间外操岗	连续重整车间内操岗、班长岗
	催化裂化车间外操岗	催化裂化车间内操岗、班长岗
	延迟焦化车间外操岗	延迟焦化车间内操岗、班长岗

1.3　培养目标

1.3.1　培养目标与规格

1.3.1.1　培养目标

主要面向盘锦浩业化工有限公司，培养德、智、体、美全面发展，具有良好的职业素养，具有创新精神和创业能力；掌握与本专业岗位（或岗位群）相适应的文化基础知识、专业知识及职业技能，能胜任生产、管理与工艺（内、外）操作等工作，能主动适应通用化工生产、石油化工生产等行业经济技术发展（或产业转型升级）和企业技术创新需要的技术技能型专门人才。

1.3.1.2　人才规格

（1）基本素质要求

① 思想政治素质。热爱祖国，拥护党的基本路线、方针、政策，正确把握毛泽东思想、邓小平理论、"三个代表"重要思想、科学发展观和习近平新时代中国特色社会主义思想的基本原理，具有社会主义荣辱观和为国家富强而奉献的责任感与集体主义精神，具有文明礼貌、助人为乐、爱护公物、遵纪守法的社会公德，具有尊老爱幼、团结合作、积极向上的道德情操。

② 科学人文素质。具有高等职业技术人员必备的人文、科学基础知识，具有一定的汉语语言、文字表达能力，具有一定的外语阅读、听说与查阅专业技术资料的能力；有理论联系实际、实事求是的科学态度，具有节约资源、爱护环境、清洁生产、安全生产的观念及基本知识；具有良好的文化、艺术修养等素质。

③ 职业素质。具备爱岗敬业、诚实守信、勤奋工作、奉献社会等职业道德，具有自立、竞争、效率、民主、法制意识和开拓创新、艰苦创业精神；掌握从事石油化工技术专业相关岗位工作的专业知识和职业技能，具有较强的就业能力和初步的创业能力，具备良好的质量安全意识，具备较快适应相邻专业业务工作的基本能力与素质；具有较强的继续学习能力，具有解决问题的能力，具有一定的创新能力，具有较好的与人合作和交往的能力。

④ 身体心理素质。身体健康、心理健康、社会适应能力良好。具备一定的体育、健康

和军事基本知识，掌握科学锻炼身体的基本方法和技能，接受必要的军事训练，达到国家规定的大学生体质健康标准和军事训练合格标准。

（2）专业素质要求

① 通用能力要求：

a. 具有一定的基础英语知识；

b. 具有一定的语言和文字表达能力；

c. 能熟练完成合同文本、技术协议、请示报告等各种公文写作的能力；

d. 能熟练运用计算机及 CAD 绘图软件；

e. 具有良好的沟通与合作、管理与协调能力；

f. 会获取信息并对信息进行综合分析。

② 专业能力要求：

a. 掌握本专业必需的专业英语知识；

b. 掌握本专业必需的化学、化工的基本知识和专业知识；

c. 掌握分析通用化工、石油化工等生产工艺路线、方法、主要设备及主要工艺操作条件、生产控制指标等方面的知识；

d. 能按照生产规程进行生产工艺控制和参数调节；

e. 能综合应用专业技能；

f. 会进行知识与技能的创新；

g. 初步掌握企业管理、化工环保、安全生产的基本知识；

h. 了解工艺设计规范、标准等方面的基本知识；

i. 具有较强的质量意识，会进行市场及效益分析；

j. 了解本专业的现状及发展趋势，以及相关行业的方针、政策和法规。

1.3.2 职业证书

1.3.2.1 基本素质证书

英语应用能力证书（A级）、计算机等级证书（二级）、全国 CAD 技能等级考试证书、化工总控工证书。

1.3.2.2 证书要求

证书要求见表1.2。

表 1.2 现代学徒制试点专业资格证书表

证书名称	颁证单位	等级	考证时间(学期)	备注
英语应用能力证书	中华人民共和国教育部	A级	第4学期	必考
计算机等级证书	中华人民共和国教育部	二级	第4学期	必考
CAD技能等级证书	全国CAD技能等级考试委员会	中级	第3学期	
化工总控工证书	化学工业职业技能鉴定指导中心	高级工	第5学期	必考

1.4 课程体系

1.4.1 课程体系构建说明

　　根据盘锦浩业化工有限公司对从业人员的要求，结合调研结果和企业意见，石油化工技术专业课程体系构建中将常减压蒸馏、催化裂化等石化生产过程的 11 个单元，按照化工生产过程进行重构，将教学内容进行有机的整合，形成以典型化工生产过程为主线、以培养学生综合职业能力为目标的课程体系，并按照石油化工操作工职业生涯的发展顺序安排课程。提高实践教学比例，尤其是生产性实训比例，同时进行课程整合，开设"教、学、做"一体课程。

　　课程体系架构如图 1.1 所示。

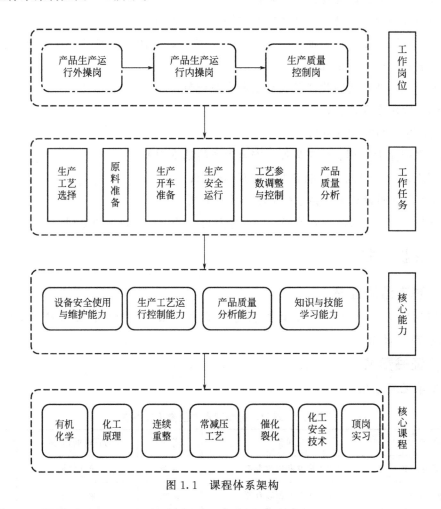

图 1.1　课程体系架构

1.4.2 主要课程设置及教学安排建议

　　主要课程设置及教学安排见表 1.3。

表 1.3　现代学徒制试点专业主要课程设置及教学安排

序号	课程名称	建议学时	建议开设学期	备注
1	思想道德修养与法律基础	60	第1学期	公共基础课程
2	毛泽东思想和中国特色社会主义理论体系概论	68	第1学期	公共基础课程
3	形势与政策	16	第1学期	公共基础课程
4	有机化学	90	第1学期	专业基础课程
5	化工原理	128	第1、2学期	专业基础课程
6	化工识图与CAD	60	第2学期	专业基础课程
7	化工机械与钳工技术	68	第2学期	专业基础课程
8	化工控制及电工技术	68	第2学期	专业基础课程
9	浩业企业管理	30	第1学期	专业拓展课程
10	石油及产品分析技术	34	第1学期	专业基础课程
11	300万吨/年浩业常减压蒸馏工艺	24	第2学期	专业核心课程
12	40万吨/年浩业深度加氢工艺	12	第2学期	专业核心课程
13	140万吨/年浩业催化裂化工艺	30	第2学期	专业核心课程
14	120万吨/年浩业连续重整工艺	18	第3学期	专业核心课程
15	140万吨/年浩业延迟焦化工艺	18	第3学期	专业核心课程
16	化工安全技术	30	第3学期	专业核心课程
17	石油化工虚拟仿真操作实训	120	第3学期	技能课程
18	生产实习	104	第4学期	技能课程
19	在岗实习	468	第5、6学期	技能课程

注：1. 公共基础课程按照国家及有关部门规定开设相应学时。

2. 专业基础课程及专业核心课程的学期安排各校可根据实际情况进行适当的调整。

3. 专业基础课程及专业核心课程各校可根据区域经济特点及面向社会的特点在上述课程基础上自主设置。

1.4.3　专业课程简介

1.4.3.1　化工原理（128学时）

（1）教学要求　通过本课程的学习，培养学生在化工生产中的生产准备技能（工艺文件的准备、单元操作设备的检查、物料及动力准备），流体输送、传热、传质与分离操作技能（设备开停车操作、设备运行操作、基本工艺计算），事故判断与处理技能。

（2）教学内容　主要教学内容包括：流程图中管道、阀门、仪表、调节控制阀组的表示方法；压力的基本概念、单位及基准；流体流动的连续性方程、伯努利方程及流体阻力的计算；流量、压力、液位测量调节控制仪表的结构及工作原理；输送机械操作的安全基础知识，输送机械的结构及工作原理；离心泵的气蚀现象、气缚现象、离心泵的安装高度；往复泵、齿轮泵、旋涡泵、离心式压缩机等输送设备的结构、工作原理及性能参数。

传热原理和方法：传热设备的工作过程、用途、结构和主要技术性能；传热设备的使用、维修和检修的一般知识；化工传热的新技术、新设备；安全防护和清洁生产等方面的基本知识。

蒸馏、吸收、萃取、吸附等传质分离技术发展的现状；基本的传质与分离原理和方法；蒸馏塔、吸收塔、萃取塔、吸附器装置等传质设备的工作过程、用途、结构和主要技术性能；传质分离设备的选型；传质设备的使用、维修和检修的一般知识；化工传质分离的新技术、新设备；安全防护和清洁生产等方面的基础知识。

1.4.3.2　石油及产品分析技术（34学时）

（1）教学要求　通过本课程的学习，使学生在掌握油品相关理论知识的基础上，具备相应的操作技能，能够根据国家（行业、企业）技术标准对油品进行分析检验，明确产品质量，控制生产过程。为学生后续顶岗实践和未来的工作奠定基础。

（2）教学内容　课程主要教学内容包括：汽油的分析、柴油的分析、喷气燃料的分析、润滑油的分析、天然气的分析、溶剂油的分析、石油沥青的分析等。

1.4.3.3　化工机械与钳工技术（68学时）

（1）教学要求　要求学生具备基本工程力学知识，了解化工设备的选材要求及常用材料的特性，了解和掌握化工设备的设计计算方法以及典型设备的结构设计，熟悉涉及压力容器设计、制造、材料使用和监察管理的有关标准和法规，具备设计、使用和管理中、低压压力容器与化工设备的能力。

（2）教学内容　化工设备的结构特点和机械性能；化工设备及零部件的选型、使用及维护。了解常用化工设备材料力学性能及材料的选用，熟悉压力容器设计、制造、材料使用和监察管理的有关标准和法规以及贮罐的设计、容器附件的选择。

1.4.3.4　化工控制及电工技术（68学时）

（1）教学要求　通过对本门课程的学习，应能了解化工自动化的基本知识，理解自动控制系统的组成、基本原理及各环节的作用，能根据工艺要求与自控设计人员共同讨论和提出合理的自动控制方案。

（2）教学内容　课程主要内容包括：化工生产过程中的压力、流量、物位、温度四大参数的检测仪表的基本理论知识和实际应用技能；生产过程自动控制的基本知识，包括被控对象的特性、显示仪表、自动控制仪表、执行器等，并在简单、复杂控制系统的基础上，结合化工生产过程介绍典型化工单元操作的控制方案。

1.4.3.5　300万吨/年浩业常减压蒸馏工艺（24学时）

（1）教学要求　通过本课程的学习，使学生能了解原油及其产品的组成和性质、石油产品使用性能；基本掌握原油的蒸馏、催化裂化、重整生产等主要工艺过程的原理、流程、工艺因素分析和产品的储运方法等。

（2）教学内容　课程主要内容包括：原油及其产品的组成和性质、石油产品使用性能；基本掌握原油的蒸馏、催化加工、润滑油生产主要工艺过程的原理、流程、工艺因素分析和产品的储运方法；设备安全管理、装置事故的判断和处理方法。

1.4.3.6　化工安全技术（30 学时）

（1）教学要求　通过本课程的学习，使学生掌握化工生产中事故发生的原因，学习防止事故所需的技术知识与技能，在以后的通用化工产品、石油化工和有机化工产品的生产、管理与工艺操作中，运用这些知识分析、评价和控制危险，促进化学工业的发展和生产顺利进行。

（2）教学内容　课程主要教学内容包括：了解安全生产法律法规、安全防护用品的使用，防止现场中毒伤害，防止燃烧爆炸伤害，防止现场触电伤害，防止检修现场伤害等。

环境保护的基本概念和基本知识，环境与健康，中国可持续发展战略，生物多样性保护，大气环境保护，水环境保护，海洋环境保护，噪声污染控制，固体废物的处理和利用等。

1.4.3.7　生产实习（104 学时）

（1）教学要求　在学完部分专业课程和具有一定实践能力的基础上，学生可到生产现场进行实践教学活动。学生根据不同岗位的要求，在教师或生产技术人员的指导下，学习化工生产装置的正常操作和常见故障的处理，熟悉化工生产的组织与管理，将学到的专业技能应用于具体的生产实际，提高技术应用能力。

（2）教学内容　典型化工产品的生产准备、生产方法选择、生产条件确定、工艺流程组织、开停车与正常生产操作的步骤和要求、异常生产现象的判断和处理。

1.4.3.8　在岗实习（468 学时）

（1）教学要求　通过顶岗实习与毕业设计，培养学生直接从事生产岗位的技术实施和组织工作的能力，以学生直接顶岗训练的形式进行。毕业设计（论文）是本专业学生在校学习期间的最后一个教学环节。通过完成毕业设计（论文），学生得到综合运用所学过的各种知识和技能的机会，进行一次比较全面、比较严格的解决工程实际问题或理论研究问题的训练，培养学生独立工作的能力。

（2）教学内容　在化工企业现场进行仪表及化工设备的操作，积累现场操作经验。每个学生必须接受现场综合训练，掌握规范的工程设计步骤、工程设计和计算方法、图纸绘制和设计说明书撰写等。树立正确的思想和实事求是、严肃负责的工作作风，为今后从事实际工作打下基础。

1.4.4　现代学徒制试点专业课程体系

现代学徒制试点专业课程体系见表1-4。

表 1.4　现代学徒制试点专业课程体系

教学主体	教学方式	序号	课程名称	第1学年 16周	第1学年 18周	第2学年 18周	第2学年 20周	第3学年 20周	第3学年 20周	学时	考核方式	备注
学院	理论讲授 现场教学	1	人学教育与军训	3周①						78		
		2	思想道德修养与法律基础							60		第一学期,大规模开放网络课程
		3	毛泽东思想和中国特色社会主义理论体系概论							68		第一学期,大规模开放网络课程
		4	形势与政策							16		第一学期,大规模开放网络课程
		5	英语	4②	4					60	考试	
		6	计算机应用基础	4						60		
		7	有机化学	4						90	考试	物理化学内容占16学时
		8	造业企业管理	2						30		
		9	化工识图与CAD	4						60	考试	
		10	化工原理	4	4					128	考试	
		11	体育	2	2					64		
		12	石油及产品分析技术		2					34	考试	
		13	化工检修与钳工技术		4					68	考试	钳工内容占10学时
		14	化工控制及电工技术		4					68	考试	电工内容占10学时
		15	造业常减压蒸馏工艺		4×6①					24	考试	
		16	造业催化裂化工艺		5×6					30	考试	
		17	造业连续重整工艺		3×6					20	考试	
		18	造业深度加氢工艺		2×6					12	考试	
		19	造业焦化工艺		6×3					16	考试	
		20	机泵拆装实训		1周					26		
		21	化工安全与环保技术		2					34		环保内容占10学时
		22	计算机基础综合实训			1周				26		
		23	油品分析综合实训			1周				26		
		24	电工实训			1周				26		
		25	CAD综合实训			1周				26		

续表

教学主体	教学方式	序号	课程名称	第1学年		第2学年		第3学年		学时	考核方式	备注
				16周	18周	18周	20周	20周	20周			
学院	理论讲授现场教学	26	HSE实训			1周				26		
		27	油气储运综合实训			1周				26		
		28	磺酸盐综合实训			1周				26		
		29	化工总控工考证综合实训			2周				26		
	工学交替	30	入厂教育与安全培训			1周				26		
		31	治业常减压蒸馏装置实训			1周				26		
		32	治业催化裂化装置实训			2周				52		
		33	治业连续重整装置实训			2周				52		
		34	治业深度加氢装置实训			1周				26		
		35	治业焦化装置实训			1周				26		
		36	治业安全管理实务				6×1			30	考试	
		37	治业设备技术基础				6×2			60	考试	
		38	治业生产工艺概论				6×2			60	考试	
		39	治业生产实习				15周			390	考试	
企业	师带徒网络教学	40	原油一次加工工艺							26	考试	第五学期，大规模开放网络课程
		41	心理健康教育							20		第五学期，大规模开放网络课程
		42	公共卫生与健康							20		第五学期，大规模开放网络课程
		43	汽柴油加氢装置操作							24	考试	第五学期，大规模开放网络课程
		44	治业生产外操岗位实习					17周		442		
		45	油气集输							60	考试	第六学期，大规模开放网络课程
		46	治业生产内操岗位实习						17周	442		
		47	毕业答辩						1周	26		
总计												

①表示课程教学安排为3周内完成，余同。

②表示课程每周完成4学时，直至完成所有学时为止，余同。

③表示该课程每周上4学时，连续上6周，余同。

1.5 教学条件

1.5.1 教学团队

不同课程的教师结构与要求见表1.5。

表 1.5 教师结构与要求

序号	课程类型	教师结构与要求
1	基础必修课程	教学团队中高级技术职务教师达到40%左右,要老中青搭配,年龄结构合理,形成梯队。教学经验丰富,要熟练掌握信息化教学手段、能够根据课程培养目标设计教学过程,采用合适的教学方法组织教学
2	专业必修课程	具有相关专业职业资格证书或至少1年以上的企业实践经历,教学团队中高级技术职务教师达到40%左右,要老中青搭配,年龄结构合理,形成梯队。教学经验丰富,要熟练掌握信息化教学手段、能够根据课程培养目标设计教学过程,采用合适的教学方法组织教学。具有课程标准的制定、课程开发与建设、相关教学文件的编写能力 专业兼职教师原则上应具有在盘锦浩业化工有限公司一线工作5年以上经历,具备中级及以上职称
3	校内实训课程	具有相关专业职业资格证书或至少1年以上的企业实践经历,具有丰富的教学经验和企业实践经历,有建设实训室的实践经历,熟悉化工单元操作、化工仿真技术,熟练电气、仪表方面的知识。教学团队中高级技术职务教师达到40%左右,要老中青搭配,年龄结构合理,形成梯队。教学经验丰富,要熟练掌握信息化教学手段、能够根据课程培养目标设计教学过程,采用合适的教学方法组织教学。具有参与人才培养方案的制定、课程开发与建设、相关教学文件的编写能力 专业兼职教师原则上应具有在盘锦浩业化工有限公司一线工作5年以上经历,具备中级及以上职称
4	毕业顶岗实训	具有相关专业职业资格证书或至少具有5年以上盘锦浩业化工有限公司一线工作经历,熟悉化工单元操作、化工仿真技术,熟练电气、仪表方面的知识,要老中青搭配,年龄结构合理,形成梯队。能够解决生产过程中的技术问题,善于沟通和表达,具有一定的教学能力,能够承担教学任务。具有参与人才培养方案的制定、课程开发与建设、相关教学文件的编写能力

1.5.1.1 师资数量与结构

(1)专业教学团队要求 为确保石油化工技术专业人才培养方案的顺利实施,必须配备一支专兼结合、结构合理、专业能力强,具有先进的高职教育理念和实践技能的"双师素质"教学团队。教学团队的结构合理,老、中、青比例适中,知识结构、学缘结构合理,专兼教师比例合理。

① 至少有专业带头人1名,骨干教师比例不小于40%,专业教师中"双师素质"教师比例大于80%。

② 专兼教师比例达到1∶1以上。

(2)具有足够的基础课程(英语、数学、两课、计算机、体育等)教师。

注:"两课"指我国现阶段在普通高校开设的马克思主义理论课和思想政治教育课。

1.5.1.2 业务水平

(1)专业带头人标准建议 专业带头人应具有高级职称,具有化工生产技术领域内的专业知识、专业实践能力和经历。熟悉行业发展的最新动态,能提出专业中长期发展思路及措施；主持本专业人才培养模式改革和课程体系的构建；有较强的生产、科研能力，具有主持教学、培训及实训基地建设项目的能力，能够解决企业实际生产问题。

（2）专业骨干教师标准　专业骨干教师应具有中级以上职称，具有化工生产技术领域内的专业知识、专业实践能力和经验。能够及时更新教学内容，具有创新性思维、教学思路、教学方法，能够对学生进行创新教育，教学质量优秀。能够承担工作过程导向的课程开发，进行职业技能培养开发工作，主讲主要课程或核心课程，具有本专业课程建设与实训基地建设工作的能力。

（3）专业教师的标准建议　专业专任教师应具有高等学校教师资格，最好有两年以上企业经历，具有较强的实践动手能力、社会培训能力；业务能力强，取得化工生产技术领域相应职业岗位资格证书，可参加工作过程导向的课程开发工作。

（4）专业兼职教师标准建议　专业兼职教师原则上应在盘锦浩业化工有限公司一线工作5年以上，具备中级及以上职称，能够解决生产过程中的技术问题，善于沟通和表达，具有一定的教学能力，能够承担教学任务。具有参与人才培养方案的制定、课程开发与建设、相关教学文件的编写能力。

（5）"师带徒"师傅标准建议

① 为人正直、思想进步、有良好的工作作风及职业道德。严格的教学作风，对徒弟敢于严格要求、严格训练。

② 技术过硬，具有较熟练的业务技能及现场应急处理能力。有较高的理论水平及实际操作能力，熟练的岗位安全操作技能、工艺设备安全知识、熟知公司管理制度等，三年内没有"三违"记录。

③ 思想作风过硬，胸怀宽广，为人和气，肯于助人为乐，真心带徒，善于传、帮、带，切实把自己的一技之长传给徒弟。

④ 负责向徒弟传授本岗位的安全操作技能和相关应知应会的工艺设备理论知识。帮助徒弟确保在3个月后能正确安全进行本岗位操作。

⑤ 负责向徒弟传授良好的消防意识、职业安全防范意识和事故应急处置措施及相关管理制度和生产现场"6S"环境要求。

⑥ 负责指导和监督徒弟日常工作行为，及时对工作中出现的失误及不足进行教育纠正。

⑦ 关心爱护徒弟，帮助徒弟树立良好的职业道德及优良的思想工作作风、强有力的执行力及团队精神。对不服从合理派工的顶岗学生（徒弟）进行批评教育或上报直管领导进行协调。

⑧ 负责检查、督促、引导徒弟的思想工作情况、安全操作意识、对学习目标进度进行掌控。指导徒弟完成相关的日志，日志内容要包括知识关键点，并根据徒弟掌握的情况，给予每日的点评总结，要日事日毕。每月对顶岗学生进行考评，顶岗实习结束时对其进行总体评价。

1.5.2　建议教学设施

1.5.2.1　校内实训基地的基本要求

校内实训基地的基本要求见表1.6。

表 1.6　校内实训基地的基本要求

序号	实训室名称	实训项目	主要内容	主要设备名称
1	基本技能实训室	基础化学实用技术	基本操作训练	普通玻璃仪器、器皿
			物理常数测定	超级恒温槽、大气压力计(数显压力计)、温度计(玻璃或热电偶)、天平(台式天平、电子天平)、pH计、电导率仪、旋光仪、折射率仪、熔点测定仪、黏度计及相应的配套玻璃仪器
			物质制备技术	磨口玻璃仪器、烘箱、搅拌器、真空泵、U形压力计(数显式低真空压力计)及配套仪器
			物质定量分析技术	分光光度计、气相色谱仪、原子吸收光谱仪、分析用玻璃仪器、器皿、分析天平
2	专业专项技能实训室	化工单元操作技术	流体输送实训(流体阻力、泵性能测试)	由泵、储槽、管路、阀门、压力表、真空表、流量计等组成的流体输送实训成套设备
			传热操作实训	由热源、泵、换热器、温度测量仪表、压力测量仪表、管路、阀门、液位计、安全阀等组成的传热实训成套设备
			精馏操作实训	由精馏塔、泵、原料罐、回流罐、流量计、冷凝器、压力表、温度表、管路等组成的精馏操作实训成套设备
			吸收、解吸操作实训	由吸收塔、解吸塔、钢瓶、流量计、风机、稳压罐、气相色谱、采样器、管路等组成的吸收、解吸操作实训成套设备
		化工单元操作仿真	离心泵操作仿真实训	计算机(主控计算机、终端计算机)及仿真操作系统软件
			液位控制仿真操作	计算机(主控计算机、终端计算机)及仿真操作系统软件
			列管换热器操作仿真实训	计算机(主控计算机、终端计算机)及仿真操作系统软件
			精馏塔操作仿真实训	计算机(主控计算机、终端计算机)及仿真操作系统软件
			吸收解吸塔操作仿真实训	计算机(主控计算机、终端计算机)及仿真操作系统软件
			加热炉操作仿真实训(选)	计算机(主控计算机、终端计算机)及仿真操作系统软件
			压缩机操作仿真实训(选)	计算机(主控计算机、终端计算机)及仿真操作系统软件
		机泵拆装	离心泵拆装	由典型离心泵及拆装工具组成的实训系统
			化工管路拆装	由典型化工管路及拆装工具组成的实训系统
		化工生产过程控制	液位控制操作实训	各类液位控制仪表及相关材料
			温度的测量与控制实训	各类温度测量仪表及相关材料
			压力的测量与控制	各类压力测量仪表及相关材料
			流量的测量与控制实训	各类流量测量仪表及相关材料

序号	实训室名称	实训项目	主要内容	主要设备名称
2	专业专项技能实训室	石油化工工艺	油品分析实训	石油产品蒸馏测定仪,石油产品铜片腐蚀测定仪,酸度计,酸度、酸值测定器,运动黏度测定仪,开口闪点测定仪,闭口闪点测定器,密度测定仪,凝点、冷滤点测定器,石油产品色度测定器,石油产品水分测定仪,微量水分测定仪,沥青延度测定器,沥青针入度测定器,恩氏黏度测定仪,烘箱等仪器设备
			磺酸盐装置仿真实训	反应釜、过滤器、换热器、吸收塔、解吸塔等设备
			柴油加氢装置仿真实训	氢气压缩机、反应器、过热炉、换热器、精馏塔等设备
3	石油化工虚拟仿真操作实训室	工艺装置仿真	常减压蒸馏仿真操作实训	计算机(主控计算机、终端计算机)及仿真操作系统软件
			连续重整装置仿真操作实训	计算机(主控计算机、终端计算机)及仿真操作系统软件
			延迟焦化仿真操作实训	计算机(主控计算机、终端计算机)及仿真操作系统软件
			催化裂化仿真操作实训	计算机(主控计算机、终端计算机)及仿真操作系统软件
			加氢裂化仿真操作实训	计算机(主控计算机、终端计算机)及仿真操作系统软件

1.5.2.2 校外实训基地

建设盘锦浩业化工有限公司校外实训基地,签订顶岗实习协议,保证学生顺利开展半年以上顶岗实习。盘锦浩业化工有限公司承担学生认识实习、顶岗实习任务,保证"工学结合"人才培养模式的顺利实施。校外实训基地为本专业提供实践教学条件的同时,也能为学校提供企业兼职教师,同时专业教师也可以到校外实训基地下厂实践,适当参与企业技术改造和新技术开发。建立院校、企业、系部三方合作的学生顶岗实习监督、考评机制。

1.5.3 教材及图书、数字化(网络)资料等学习资源

专业教材选用盘锦浩业化工有限公司生产操作手册或技术规程,馆藏专业图书不低于学生人均 30 册,并建有可接入 CERNET 和 ChinaNet 互联网的方便迅捷的校园网络,教室安装有网络接口及多媒体教学设备,网络应有充足的宽带,建议连接到国家石油化工技术专业教学资源库,国家、省、校级精品课程等网络优质资源,满足学生自主进行网络学习的需要,为学生毕业后的可持续发展奠定坚实的基础。

1.6 毕业条件

1.6.1 学分要求

学生全部课程考试(考查)及格,各项专业实践项目考核合格。

1.6.2 证书要求

"化工总控工"高级工证书。

1.7 相关说明

生源为高中毕业生的三年制石油化工技术专业教育，应根据此年龄段的学生特点，经常性地给予学生普法教育、励志教育以及开展有益身心健康的文体、公益活动，如专题班会、文化论坛、第二课堂等活动。着眼学生的未来，从职业规划、专业建设、学生自我管理、人际交往等方面，重视对学生的心理动态追踪，引导学生健康向上发展。

1.7.1 教学方法、手段与教学组织形式建议

教学中"以学生为中心"，积极改进教学方法，按照 3 年制学生学习和认知的规律和特点，从学生实际出发，以学生为主体，充分调动学生学习的积极性、主动性。专业核心课程的教学过程建议采用现场"教、学、做"一体化的教学模式，把课堂搬进生产车间，在设备现场进行相关课程内容的讲解，边讲边练，讲练结合，并配合多媒体课件等现代教育技术，增加学生的感性认识，启迪学生的科学思维，锻炼学生的动手操作和工程实践能力。

1.7.1.1 专业核心课程组织形式

专业核心课程组织形式建议如图 1.2 所示。

图 1.2 专业核心课程组织形式建议

1.7.1.2 教学方法建议

教学方法建议采用"教、学、做"一体化的教学模式。理论教学采用生产实例导入课程内容，结合认识实习中遇到的问题，采用启发式教学。实训教学采用学生为主、教师为辅"做中学"的方式进行。仿真模拟实训采用学生单机演练的形式教学。现场设备拆装、运行和维护实训采用通过小组协同合作，边讲边练，讲练结合的教学方法。

1.7.1.3 教学手段建议

引入盘锦浩业化工有限公司一线人员作为兼职教师，成为实训教学的主讲教师，使实训更加实用，更加贴近工程实际。

1.7.2 教学评价、考核建议

建议考核内容及评价方法如下：

① 应建立能力、知识和素质综合考试考核体系。在考试考核内容选择方面，既要体现人才培养目标和课程（环节）目标要求，又要有利于培养学生运用所学知识和技术分析问题和解决问题的能力。真正做到既考知识，又考能力（技能）和素质，体现应知、应会。

② 在考试考核方法选择方面应根据考试科目的特点，采取多样化的考试考核方法，可采用笔试、口试、作业、技能操作、项目设计与制作等考核考试方法，重点考核学生的思维方式和解决实际问题的能力。

③ 考试考核成绩评定采用结果和过程相结合的方式，尤其重视过程考核。

④ 将职业资格证书考核内容纳入有关课程教学过程中，以提高学生的职业核心能力，增强就业竞争力。

⑤ 吸纳行业、企业和社会有关方面的专家参与到以实践为主和工学结合课程的考核评价中。

1.7.3　教学管理

1.7.3.1　教学运行组织管理

学校教学实行院（校）系两级管理。由一名副院（校）长分管教学工作，教务处负责完成日常教学管理工作，负责制定教学管理规章制度，开展教学评估和检查，保证教学运行。系部负责日常教学的实施和管理，组织专业教师和教研室完成教学任务和教学建设。

成立以系主任为负责人，由教学主任、专业带头人、骨干教师和企业领导及专家组成的校企合作专业建设委员会，负责指导专业的建设、教学制度的制定和审核，并监控教学过程，评价人才培养质量；系部负责日常教学的管理和监控；合作企业负责学生顶岗实习、现场教学的管理和监控。

1.7.3.2　教学质量监控评价

在日常教学管理中形成教学检查制度、教学质量分析制度、教学信息反馈制度和"学生评教、教师评学、同行评课、专家评职、社会评人"的五评制度。发挥专业建设委员会的积极作用，校企合作制定人才培养方案、工学结合课程标准和各教学环节工作规范性文件，使教学管理和质量监控有章可循、有据可依。建立企业参与的校系两级教学质量监控与评价体系。根据顶岗实习情况，与企业领导和指导教师共同制定和执行顶岗实习管理和考核体系，加强对人才培养过程的管理；为保证顶岗实习的质量，制定顶岗实习管理制度、考核体系、兼职教师管理制度，完善校企双方质量保障制度。

1.7.3.3　教学管理制度

按照"招生即招工、入校即入厂、校企联合培养"的工作思路，建立与现代学徒制试点工作相适应的校企双方共同参与管理的制度，形成校企共管制度化、规范化、可操作化的管理办法。在实施人才培养计划和教学管理的过程中，针对校企联合育人出现的问题，根据企业、学生的要求，实施人才培养的柔性管理。

（1）企业的订单培养　本试点学生具有双重身份，根据"学生→学徒→准员工→员工"的特点，校企共同制定培养方案，灵活调整教学计划，设置适合企业所需人才规格要求的课程，并改革相应课程的教学内容、教学方法、教学模式和考核方法。

（2）实行弹性学制　允许学生由于服兵役、进入社会实践等原因暂时中断学习。学分制的建立体现了修业年限的弹性、课程的自选性，学生学籍保留的最长年限为 5 年。

（3）对于顶岗实习的柔性管理　学生顶岗实习的管理按照学院（校）、系学生顶岗实习管理办法执行，由企业兼职教师与学校教师按照毕业实践课程标准，在学校和企业共同管理、指导、考核下取得相应学分。

1.7.4　方案针对性

本方案仅适用于现代学徒制试点专业学生。

第 **2** 章
理论课程标准

2.1 计算机应用基础课程标准

2.1.1 基本信息

本课程的基本信息见表 2.1。

表 2.1 计算机应用基础课程基本信息表

适用车间或岗位	全厂各车间		
课程性质	公共基础课程	课时	60 学时
授课方式	理论实践一体化		
先修课程	无		

2.1.2 教学目标

2.1.2.1 企业相关要求

通过此门课程学习,使学生能够熟练操作计算机基本办公软件,要求学生具备计算机基础知识的综合应用及操作能力。

2.1.2.2 通过本课程的学习和训练,学生应该具备以下知识、能力和素质

(1)知识目标

① 掌握计算机软、硬件基础知识和基本操作,并能熟练上网查询、传输信息。

② 熟练掌握 Word 2019 软件基本操作。

③ 熟练掌握 Excel 2019 软件基本操作。

④ 熟练掌握 PowerPoint 2019 软件基本操作。

(2)能力目标 面向应用需求,掌握常用办公软件的基本操作,注意归纳总结一些规律性的常识,在实际操作中举一反三。

(3)素质目标 以培养信息素养为目标,培养学生的协作、创新精神,提高学生解决实际问题的能力。

2.1.3 课题与课时分配

本课程的课题与学时分配见表 2.2。

表 2.2 计算机应用基础课程课题与课时分配

序号	课题名称	总课时/学时	课时分配/学时		
			理论	实践	测试
1	基础计算机知识	4	2	2	
2	利用 Word 2019 高效创建电子文档	22	8	12	2
3	通过 Excel 2019 创建并处理电子表格	20	8	10	2
4	使用 PowerPoint 2019 制作演示文稿	12	4	6	2
5	机动	2			
	合计	60	22	30	6

2.1.4 教学内容

课题一 基础计算机知识（4 学时）

（1）计算机基础知识（1 学时）

（2）系统操作（3 学时）

① 目录操作、文件拷贝、删除以及简单的软件系统。

② Windows 的基本操作。

③ 上网（浏览、下载、收发电子邮件）。

课题二 利用 Word 2019 高效创建电子文档（22 学时）

（1）美化文档（2 学时）

（2）在文档中使用表格（3 学时）

（3）在文档中的图片处理（2 学时）

（4）图文混排（4 学时）

（5）长文档编辑（4 学时）

（6）文档的修订与共享（2 学时）

（7）邮件合并（3 学时）

（8）测试（2 学时）

课题三 通过 Excel 2019 创建并处理电子表格（20 学时）

（1）制表基础（2 学时）

（2）工作簿与多工作簿操作（1 学时）

（3）Excel 公式和函数（6 学时）

（4）创建图表（2 学时）

（5）排序、筛选、分类汇总（4 学时）

（6）数据透视表分析（3 学时）

（7）测试（2 学时）

课题四 使用 PowerPoint 2019 制作演示文稿（12 学时）

（1）制作演示文稿基本操作（2 学时）

（2）外观设计（2学时）

（3）幻灯片中的对象编辑（3学时）

（4）幻灯片交互效果设置（2学时）

（5）幻灯片的放映与输出（1学时）

（6）测试（2学时）

2.1.5 考核方案

① 在平时上机实验中同步进行考核。

② 通过多种方法检查学生的技能和对知识的掌握情况。

③ 一些计算机的基础理论知识可以在期末通过笔试进行考核。

考核内容及比例见表2.3。

表 2.3 考核内容及比例

序号	考核内容	比例
1	考勤	10%
2	利用"蓝墨云班课"软件进行预习及回答问题	10%
3	平时测验	50%
4	期末笔试或上网答题	30%

2.1.6 教学资源

2.1.6.1 实训条件

计算机应用基础课程实训条件基本要求见表2.4。

表 2.4 计算机应用基础课程实训条件基本要求

序号	名称	基本配置要求	场地大小/m²	功能说明
1	机房			每人1机
2	网络	无线信号		可以上互联网

2.1.6.2 教学资源基本要求

① 多媒体课件、试题库、动画等教学资源；

② 计算机网络系统、万方数据、超星图书等资源；

③ "蓝墨云班课"手机课堂软件；

④ 课程相关的图书资料。

2.1.7 说明

2.1.7.1 学生学习基本要求

要求学生能够熟练操作计算机基本办公软件，具备计算机基础知识的综合应用及操作能力，注意归纳总结一些规律性的常识，在实际操作中举一反三。

2.1.7.2 校企合作要求

根据企业需求及课程特色，编写适合学徒制班级学生使用的特色教程，并在教学过程中企业能够指派人员定期考查，对不适合的教学内容及授课方式进行修改。

2.1.7.3 实施要求

在授课过程中使用"蓝墨云班课"课堂软件作为记录学生考勤、预习、课堂讨论及完成作业的介质，开展理论及实践相结合、以学生为主体的授课方式，以提高学生的学习兴趣，并培养学生的动手、协作、应变及自主学习能力。

2.2 有机化学课程标准

2.2.1 基本信息

本课程的基本信息见表2.5。

表2.5 有机化学课程基本信息

适用车间或岗位	全厂各车间		
课程性质	专业基础课程	课时	90学时
授课方式	学校集中授课		
先修课程	高中化学		

2.2.2 教学目标

2.2.2.1 企业相关要求

掌握盘锦浩业化工有限公司（以下简称"浩业公司"）生产过程中涉及的各种有机原料、中间产物、产品的结构、命名、物理性质、化学性质及制法；掌握在生产过程中涉及的相平衡、热力学、动力学的知识。

2.2.2.2 通过本课程的学习和训练，学生应该具备以下知识、能力和素质

（1）知识目标

① 掌握浩业公司生产过程中涉及的各类有机物的结构。

② 掌握浩业公司生产过程中涉及的各类有机物的命名。

③ 掌握浩业公司生产过程中涉及的各类有机物的物理性质。

④ 掌握浩业公司生产过程中涉及的各类有机物的化学性质及制法。

⑤ 掌握浩业公司生产过程中涉及的相平衡、热力学、动力学等知识。

（2）能力目标

① 能认识浩业公司生产过程中涉及的有机物。

② 能根据浩业公司生产过程中涉及的有机反应，解决生产实际问题。

③ 能完成浩业公司生产中涉及的热力学和动力学计算。

④ 能根据浩业公司生产过程中物态变化的相平衡，解决实际问题。

（3）素质目标

① 通过学习有机物的性质，培养学生环境保护意识、经济意识和安全意识。

② 通过计算，培养学生实事求是、精益求精的工匠精神。

③ 通过学习有机物的合成，培养学生勇于创新的精神。

2.2.3 课题与课时分配

有机化学课程的课题与课时分配情况见表2.6。

表 2.6 有机化学课程课题与课时分配情况

序号	课题名称	总课时/学时	课时分配/学时		
			理论	实践	其他
1	气体的 p-V-T 关系	4	4		
2	热力学第一定律	10	10		
3	热力学第二定律	6	6		
4	相平衡	8	8		
5	化学动力学	8	8		
6	有机化学概述	2	2		
7	烷烃	4	4		
8	烯烃	6	6		
9	二烯烃	2	2		
10	炔烃	4	4		
11	脂环烃	2	2		
12	芳烃	8	8		
13	卤代烃	4	4		
14	醇酚醚	6	6		
15	醛和酮	6	6		
16	羧酸及其衍生物	4	4		
17	含氮有机物	6	6		
	合计	90	90		

2.2.4 教学内容

课题一 气体的 p-V-T 关系（4学时）

（1）低压气体的 p-V-T 关系

（2）分压定律和分体积定律

（3）中高压气体的 p-V-T 关系

（4）气体的临界状态及液化条件

课题二 热力学第一定律（10学时）

（1）基本概念

（2）热力学第一定律

（3）恒压热与恒容热

（4）变温过程热的计算

（5）可逆过程和可逆功的计算

（6）相变热的计算

（7）化学反应热的计算

课题三　热力学第二定律（6 学时）

（1）热力学第二定律

（2）熵和熵判据

（3）物理过程熵差的计算

（4）化学反应熵差的计算

课题四　相平衡（8 学时）

（1）相律

（2）单组分系统相图

（3）克拉佩龙方程

（4）多组分系统分类及组成

（5）拉乌尔定律和亨利定律

（6）理想液态混合物

（7）理想稀溶液

课题五　化学动力学（8 学时）

（1）化学反应速率

（2）具有简单级数的化学反应

（3）温度对反应速率的影响

课题六　有机化学概述（2 学时）

（1）有机化合物和有机化学

（2）有机化合物的结构

（3）有机化合物的分类

课题七　烷烃（4 学时）

（1）烷烃的结构、通式、同分异构体

（2）烷烃的命名

（3）烷烃的物理性质

（4）烷烃的化学性质

（5）烷烃的来源、制法和用途

课题八　烯烃（6 学时）

（1）烯烃的结构、通式和同分异构体

（2）烯烃的命名

（3）烯烃的物理性质

（4）烯烃的化学性质

（5）烯烃的来源与制法

课题九 二烯烃（2 学时）

（1）二烯烃的分类和命名

（2）共轭二烯烃的化学性质

（3）共轭二烯烃的来源与制法

课题十 炔烃（4 学时）

（1）炔烃的结构、构造异构和命名

（2）炔烃的物理性质

（3）炔烃的化学性质

（4）乙炔的制法和用途

课题十一 脂环烃（2 学时）

（1）脂环烃的分类、同分异构体和命名

（2）环烷烃的物理性质

（3）环烷烃的化学性质

（4）环烷烃的来源与制法

课题十二 芳烃（8 学时）

（1）苯的结构

（2）单环芳烃的构造异构和命名

（3）单环芳烃的物理性质

（4）单环芳烃的化学性质

（5）苯环上取代反应的定位规律

（6）重要的单环芳烃

（7）稠环芳烃

课题十三 卤代烃（4 学时）

（1）卤代烃的分类、同分异构体和命名

（2）卤代烷的物理性质

（3）卤代烷的化学性质

（4）卤代烯烃和卤代芳烃

（5）重要的卤代烃

课题十四 醇酚醚（6 学时）

（1）醇

① 醇的结构、分类和命名；

② 醇的物理性质；

③ 醇的化学性质；

④ 重要的醇。

（2）酚

① 酚的结构、命名；

② 酚的物理性质；

③ 酚的化学性质；

④ 重要的酚。

（3）醚

① 醚的结构、分类和命名；

② 醚的物理性质；

③ 醚的化学性质；

④ 重要的醚。

课题十五　醛和酮（6 学时）

（1）醛和酮的结构、分类和命名

（2）醛和酮的物理性质

（3）醛和酮的化学性质

（4）重要的醛和酮

课题十六　羧酸及其衍生物（4 学时）

（1）羧酸

① 羧酸的结构、分类和命名；

② 羧酸的物理性质；

③ 羧酸的化学性质；

④ 重要的羧酸。

（2）羧酸衍生物

① 羧酸衍生物的命名；

② 羧酸衍生物的物理性质；

③ 羧酸衍生物的化学性质；

④ 重要的羧酸衍生物。

课题十七　含氮有机物（6 学时）

（1）硝基化合物

① 芳香族硝基化合物的结构、命名；

② 芳香族硝基化合物的物理性质；

③ 芳香族硝基化合物的化学性质；

④ 重要的硝基化合物。

（2）胺

① 胺的结构、分类和命名；

② 胺的物理性质；

③ 胺的化学性质；

④ 重要的胺。

（3）腈

① 腈的结构和命名；

② 腈的物理性质；

③ 腈的化学性质；

④ 重要的腈。

2.2.5　考核方案

2.2.5.1　考核项目

企业考核：企业出考核试卷（满分为 100 分），权重为 40%。

校内考核项目包括：学习态度、理论知识两个方面。

平时成绩(30%)＋课堂测验成绩(30%)＋企业考核(40%)＝总成绩

2.2.5.2　考核办法

本课程成绩考核无期末考试，校内成绩由平时表现和课堂测验两部分构成。两部分满分各 100 分（超过 100 分者按 100 分计），其中平时表现权重为 30%，课堂测验权重为 30%。全部成绩公开透明，全体学生实施监督。本课程的考核方案见表 2.7。

表 2.7　有机化学课程考核方案

考核项目		考核内容	赋分/(分/次)	考核对象
平时表现	出勤	①旷课	−10	试点班学生（学徒）
		②迟到或早退	−2	
		③事假	−2	
		④病假	−1	
	课堂表现	①上课期间说话,内容与课程内容无关	−2	
		②上课期间睡觉	−3	
		③上课期间玩手机	−5	
		④上课期间看与课程无关的资料	−2	
		⑤课堂回答问题不正确	−1	
	加分	①认真完成教师布置的 PPT 预习任务,PPT 质量较高	+2	
		②汇报时语言准确、条理清晰,知识全面、准确	+2	
课堂测验		①未参加测验	−10	
		②抄袭他人	−5	
说明		当平时表现考核测评被扣 10 分或以上时,需通知被扣分人班主任		

2.2.6　教学资源

本课程的教学需要多媒体教室、多媒体课件、试题库、动画等教学资源；需要与课程相关的图书资料。

2.2.7　说明

"有机化学"课程是相关专业的基础课程。要求学生有一定的高中化学基础，为后续的专业课"化工原理""石油及产品分析技术""化工单元操作"等课程提供理论支撑。课程内容以满足目前浩业公司生产所需知识为主体，适度兼顾企业发展和学生职业发展的需求。

2.2.7.1　学生学习基本要求

① 具备基本的有机物结构、分类、命名和性质等化学基础知识；

② 借助相关手册完成化学反应的热力学和动力学相关计算；

③ 借助相关资料完成溶液相平衡的相关计算。

2.2.7.2 校企合作要求

① 与后续专业课教师和企业指导教师共同商定，明确教学内容；

② 学生能够进入企业参观学习，了解相关岗位工作情况。

2.2.7.3 实施要求

① 根据企业的实际情况，教学时数可适当增减。

② 教学过程中，定期带领学生到相关岗位参观，使学生对有机物形成直观概念，同时了解岗位对课程的要求，从而增强学生学习的动力和主动性。

③ 丰富本课程教学资源，便于教师教学、学生学习，使教与学的过程具有交互性、共享性、开放性、协作性和自主性。建议以网络课程的形式展示，展示的内容分为课程级资源和企业级资源。课程级资源包括课程标准、课程设计、课程教学方案、教材、教案、课件、试题、师生互动等。企业级资源整合浩业公司资源，包括教学视频、动画、图片、案例等。

2.3 化工识图与 CAD 课程标准

2.3.1 基本信息

化工识图与 CAD 课程的基本信息见表 2.8。

表 2.8 化工识图与 CAD 课程基本信息

适用车间或岗位	加氢、重整、焦化、常减压蒸馏、催化、裂化车间		
课程性质	专业基础课程	课时	60 学时
授课方式	理实一体化		
先修课程	计算机应用基础		

2.3.2 教学目标

2.3.2.1 企业相关要求

盘锦浩业化工有限公司（又称浩业公司）主要从事石油化工产品加工，企业要求通过此门课程的学习，学生掌握能胜任浩业公司各车间和各岗位石油化工专业人员必会的化工制图方面的识图和绘图知识，培养学生阅读和绘制化工专业图样的能力。培养学生从简单到中等复杂零部件的手工和计算机绘制与图样识读的能力，以此为基础能识读化工设备图和化工工艺图，将化工制图与 Auto CAD 有机结合，培养学生的空间想象能力、图示能力、识图能力，树立贯彻国家标准的意识，形成"化工图样的绘制与识读"的工作能力，要求学生掌握基本绘图方法，掌握浩业公司所需的图样表达方法和化工图样的识读，掌握浩业公司实际工程图样的 Auto CAD 绘图方法。具有良好的职业素养，认同浩业企业文化，构建后续专业课学习和上岗工作的接口和通道。

2.3.2.2 课程目标

通过本课程的学习和训练，现代学徒制试点班学生应该具备以下知识、能力和素质：

（1）知识目标

① 掌握国家标准 GB/T 10609《技术制图》、GB/T 4457《机械制图》的基本规定；

② 掌握绘制和识读三视图的基本理论和方法；

③ 掌握化工图样的表达方法；

④ 了解化工标准件和常用件规定画法；

⑤ 了解化工常用设备装配图识读与绘制的基本方法；

⑥ 掌握绘制和阅读化工图样的基本方法；

⑦ 熟练查阅各类技术手册、标准及资料；

⑧ 掌握计算机绘制工艺流程图、仪表流程图的基本方法。

（2）能力目标

① 会识读浩业公司化工设备图、仪表流程图和化工工艺流程图等工程图样；

② 会识记浩业公司常用化工设备的形状结构、尺寸等，说明施工制造方法和检验要求，掌握基本的图示含义和方法；

③ 具有尺规和徒手绘图能力，能进行浩业公司岗位简单测绘绘图；

④ 能使用计算机绘图软件绘制浩业公司岗位需要的图样。

（3）素质目标

① 具备符合盘锦浩业化工有限公司的基本职业道德和职业素质；

② 培养团队协作精神，培养表达与沟通能力；

③ 培养认真负责的工作态度和严谨细致的工作作风；

④ 具有空间想象和思维能力；

⑤ 具有创新思维能力。

2.3.3 课题与课时分配

本课程的课题与课时分配见表 2.9。

表 2.9 化工识图与 CAD 课程课题与课时分配

序号	课题名称	总课时/学时	课时分配/学时		
			理论	实践	其他
1	正投影基础	12	6	6	
2	化工图样的表达方法	4	2	2	
3	浩业公司化工设备图	8	4	4	
4	浩业公司化工工艺图	4	2	2	
5	浩业公司 Auto CAD 绘图	32	8	20	4
	合计	60	22	34	4

2.3.4 教学内容

课题一 正投影基础（12 学时）

（1）制图国家标准规定（1 学时）

（2）几何作图（2.5 学时）

（3）绘图仪器使用（0.5 学时）

（4）了解尺规绘图步骤（1 学时）

（5）三视图形成及投影规律（3 学时）

（6）三视图的绘制和识读方法（4 学时）

课题二 化工图样的表达方法（4 学时）

（1）视图（2 学时）

（2）绘制剖视图（1.5 学时）

（3）绘制断面图（0.5 学时）

课题三 浩业公司化工设备图（8 学时）

（1）浩业化工设备图（3 学时）

（2）识读换热器图（1 学时）

（3）阶段测试和习题讲解（4 学时）

课题四 浩业公司化工工艺图（4 学时）

（1）浩业公司化工工艺图的相关知识（2 学时）

（2）浩业公司装置化工工艺流程图的绘制方法分析（2 学时）

课题五 浩业公司 Auto CAD 绘图（32 学时）

（1）图形绘制命令操作（4 学时）

（2）图形编辑命令（3 学时）

（3）块操作命令应用（0.5 学时）

（4）尺寸标注命令操作（0.5 学时）

（5）绘制浩业公司工程图样（20 学时）

（6）测试（4 学时）

2.3.5 考核方案

2.3.5.1 考核项目

考核项目包括：学习态度、团队合作精神、理论知识和操作能力、工作绩效、岗位能力等方面。

2.3.5.2 考核办法

（1）平时考核 包括课堂提问、作业、课堂训练、阶段测试，其中阶段测试由学校老师每3 周在学习训练内容中以笔试、口答或网络等方式进行考核，将考试评价与促进学习相结合。考核完成后，即时召开学习讨论会，进行通报、分析、总结，让试点班学生知道努力的目标。

（2）期中考核 由教务处牵头，完善考试内容，使其更加符合浩业公司车间或岗位的目标，采取多样化的考试形式对学生的综合能力进行阶段性的考核。

（3）期末考核 依据教学管理办法由第三方出题进行考评。成绩报告给试点班领导小组和浩业公司人力资源部。同时进行对指导教师的三评活动。

形成校内考核和校外车间考核相结合的考试机制。除了对学生进行校内的考核，还要多给学生提供到浩业公司生产车间一线锻炼的机会，将校外考核纳入学生考试的总成绩，这样有利于培养学生的实际应用水平。

本课程的评价内容与评价方式见表2.10，考核实施项目见表2.11。

表2.10 化工识图与CAD课程评价内容与评价方式

评价内容	评价方式	分值/分
相关理论知识掌握及其应用	闭卷	50
用Auto CAD计算机绘制企业工程图样	上机	50

表2.11 化工识图与CAD课程考核实施项目

考核项目	考核内容	扣分/(分/次)	考核对象
学习态度	①上课期间大声喧哗或长时间与他人谈论与学习无关的事	2	
	②上课期间无故起哄，严重影响他人学习	2	
	③上课期间做与学习无关的事	2	
	④非合理需要，上课期间看与学习无关的资料	2	
	⑤迟到或早退无正当理由	2	
	⑥未经许可或借故不上课	2	
团队合作精神	①不文明用语	2	
	②实训中，各自为政，不愿相互配合	2	
	③实训中不相互尊重	2	
	④不愿承认、承担自己在实训中的过错	2	
	⑤出现问题，强词夺理	2	
	⑥当面或背后传谣造谣、诽谤同学或老师	2	
	⑦不参加课程讨论会议、活动的	2	
	⑧实训中，不服从老师安排经劝说无效者	2	试点班学生（学徒）
理论知识和操作能力	①实训中，不能熟练地回答问题	3	
	②实训中，不能熟练地完成训练项目	3	
	③实训中故意拖延，不按时完成	3	
	④阶段测试不合格	10	
工作绩效	①不会识读企业工程图样	6	
	②不会进行工程图样测绘	6	
	③不认识企业工程图样常用标准件	6	
	④不能完成企业工程图样绘制	15	
岗位能力	①合作能力的欠缺	4	
	②不能主动安排、协调和处理本职工作相关的问题	4	
	③岗位经验缺乏以至于不能及时、有效地开展本职工作	4	
	④欠缺发现工作中存在问题的能力	4	
	⑤欠缺举一反三的创新能力	4	
合计		100	
说明	当出现考核测评被扣10分或以上时，需通知被扣分人班主任		

2.3.6 教学资源

2.3.6.1 实训条件

化工识图与 CAD 课程实训条件基本要求见表 2.12。

表 2.12 化工识图与 CAD 课程实训条件基本要求

名称	基本配置要求	场地大小/m²	功能说明
计算机机房	网络环境投影设备 1 套、40 台计算机与 Auto CAD 绘图软件,具有化工制图模型、化工设备模型和化工工艺模型	100	具有多媒体教室功能,可供化工制图与 CAD 课程教学

2.3.6.2 教学资源基本要求

① 和浩业公司技术人员共同开发"化工识图与 CAD"的实际教学课题;

② 有关专业软件;

③ 有关制图国家、行业标准及有关专业图书;

④ 来自浩业公司的生产图样等。

2.3.7 说明

2.3.7.1 学生学习基本要求

① 具备逻辑推理能力、空间几何分析能力;

② 具备浩业公司岗位所需的测绘能力;

③ 具备浩业公司岗位所需的计算机绘图基本操作能力;

④ 具备胜任浩业公司岗位所需知识的能力;

⑤ 不断学习,掌握新技术、新知识,适应岗位变化的快速发展。

2.3.7.2 校企合作要求

① 与浩业公司化工制图相关各岗位技术人员共同确定岗位标准,明确教学内容,共同建设教材;

② 浩业公司化工制图相关各岗位技术人员定期参与指导实训项目;

③ 浩业公司化工制图相关各岗位技术人员负责学生技能评价;

④ 学生能够进入浩业公司相应车间或岗位进行参观学习;

⑤ 浩业公司提供化工制图相关生产图样。

2.3.7.3 实施要求

① 根据浩业公司工作情况及各岗位对化工制图要求的情况,教学时数可适当增减。

② 教学过程中,定期带领学生到浩业公司参观,条件具备的情况下在车间进行现场教学;校内上课地点设在具有"教、学、做"一体化功能的计算机机房实训室和教室,在浩业公司化工制图相关各岗位技术人员参与下,学习与浩业公司岗位相关的技术知识和岗位技能,做到学以致用,调动学生学习的积极性与主动性,达到适应岗位需要的标准。

③ 接受学院现代学徒制考核评价与督查管理。实现指导教师、企业师傅、社会多方参与的考核评价。由麦可思公司第三方评价给出权威结论,经校企共同考评合格的学徒,优先

进入质检中心就业。

④ 丰富本课程教学资源，便于教师教学、学生学习，使教与学的过程具有交互性、共享性、开放性、协作性和自主性。建议以网络课程的形式展示，展示的内容分为课程级资源和企业级资源。课程级资源包括课程标准、课程设计、课程教学方案、教材、教案、课件、微课、试题库、师生互动等。企业级资源整合浩业公司资源，包括教学视频、动画、图片、案例等。

2.4 浩业企业管理课程标准

2.4.1 基本信息

浩业企业管理课程基本信息见表 2.13。

表 2.13 浩业企业管理课程基本信息

适用车间或岗位	一线操作工、班组长、车间主任		
课程性质	专业拓展课程	课时	30 学时
授课方式	重难点讲授法、实践活动式		
先修课程	无		

2.4.2 教学目标

2.4.2.1 企业相关要求

盘锦浩业化工有限公司始建于 2012 年初，注册资本 9500 万元人民币，为中美天元集团及盘锦中天石蜡化工有限公司共同出资组建的民营股份制公司。公司从业人员 1500 余人，大专以上学历人员占 64%，已有多名优秀毕业生成为班组长、车间主任等管理团队成员。企业要求通过此门课程的学习，使学生（学徒）掌握浩业企业基层组织车间主任、班组长、一线操作工岗位的实际管理技能，熟悉浩业车间生产作业计划、生产装置操作规程、化工设备大检修施工管理、设备事故管理和环保管理、现场 5S 管理、浩业公司生产单位班组长选拔与操作人员教育培训管理、浩业公司内部控制和监察制度，了解浩业企业基层组织结构、车间和班组生产成本核算与分析，能组织生产、协调工作、综合判断，进而培养学生（学徒）的进取心和奉献精神，认同浩业企业文化，毕业即可到企业各个车间顶岗。

2.4.2.2 课程目标

通过本课程的学习和训练，现代学徒制试点班学生应该具备以下知识、能力和素质：

（1）知识目标

① 掌握浩业公司生产过程特点和生产管理要求；

② 掌握企业文化的结构及内容、浩业企业文化；

③ 掌握浩业公司生产单位班组长选拔管理、班组长车间主任岗位职责、浩业操作人员岗位教育培训的内容、车间绩效考核方案；

④ 掌握浩业公司内部控制和监察制度；

⑤ 掌握浩业公司车间内部生产作业计划内容及编制方法、浩业公司生产装置操作规程的内容；

⑥ 掌握浩业公司 5S 工具和基本方法；

⑦ 掌握浩业公司设备大检修施工管理、环保管理、浩业设备事故的分类和性质；

⑧ 掌握浩业公司生产中的质量控制内容、许可证审批程序；

⑨ 了解浩业公司车间生产成本核算。

（2）能力目标

① 能归类浩业企业管理问题；

② 能提炼浩业公司车间、班组观念层文化；

③ 能杜绝浩业公司监察制度不允许的行为；

④ 会制定浩业公司班组操作人员岗位培训主要内容；

⑤ 能正确地编制浩业公司班组关键绩效考评表、车间内部生产作业计划安排表；

⑥ 能根据操作规程的不同内容进行各种具体的模拟操作；

⑦ 会分析浩业公司设备事故性质和类别；

⑧ 能根据浩业公司操作参数调节控制原理填写装置生产实际操作记录；

⑨ 会填写浩业公司许可证；

⑩ 会编制班组与维检修有关的环保管理办法；

⑪ 能分类浩业公司班组一般成本费用。

（3）素质目标

① 在学习浩业企业文化、归类浩业企业管理问题过程中，培养学生现代管理思想观念、效益意识；

② 在编制车间班组相关文件、填写有关生产表单时，培养学生实事求是，细致严谨的工作作风；

③ 在设备管理和生产装置操作过程中，培养学生环境保护意识、经济意识和安全意识；

④ 在质量控制过程中，培养学生精益求精的工匠精神；

⑤ 能够适应各车间倒班的工作方式。

2.4.3 课题与课时分配

本课程的课题与课时分配见表 2.14。

表 2.14 浩业企业管理课程课题与课时分配

序号	课题名称	总课时/学时	课时分配/学时		
			理论	实践	其他
1	认识浩业企业管理	2	2		
2	浩业企业组织管理	4	2	2	
3	浩业企业人力资源管理	4	2	2	
4	浩业企业生产管理	6	4	2	

续表

序号	课题名称	总课时/学时	课时分配/学时		
			理论	实践	其他
5	浩业企业设备管理	4	2	2	
6	浩业企业 QHSE 管理	6	4	2	
7	浩业企业生产成本管理	4	2	2	
合计		30	18	12	

2.4.4　教学内容

课题一　认识浩业企业管理（2学时）

浩业企业管理问题归集（2学时）

课题二　浩业企业组织管理（4学时）

（1）基层单位组织结构设计（2学时）

（2）企业文化及车间班组文化建设（2学时）

课题三　浩业人力资源管理（4学时）

（1）生产单位班组长选拔管理（2学时）

（2）操作人员培训管理（1学时）

（3）基层单位绩效考核管理（1学时）

课题四　浩业企业生产管理（6学时）

（1）车间生产作业计划管理（2学时）

（2）生产装置操作规程管理（2学时）

（3）生产现场5S管理（2学时）

课题五　浩业企业设备管理（4学时）

（1）设备大检修施工管理（2学时）

（2）设备事故管理（2学时）

课题六　浩业企业 QHSE 管理（6学时）

（1）生产工艺参数控制（2学时）

（2）许可证管理（2学时）

（3）装置开停工和大检修环保管理（2学时）

课题七　浩业企业生产成本管理（4学时）

（1）车间和班组生产成本归纳集合（2学时）

（2）车间和班组生产成本核算与分析（2学时）

2.4.5　考核方案

2.4.5.1　考核项目

考核项目包括：学习态度及工作纪律、团队合作精神、工作主动性和工作能力、工作绩效、岗位能力等方面。

2.4.5.2 考核办法

（1）项目考核　由学校老师和企业师傅在每个项目授课完成后，以笔试、实操或口答、网络等方式进行考核，将考试评价与促进学习相结合。考核完成后，即时召开学习讨论会，进行通报、分析、总结，让试点班学生知道努力目标。

（2）期中考核　由教务处牵头或人力资源部负责，完善考试内容，使其更加符合浩业企业生产管理的目标，采取多样化的考试形式对学生的综合能力进行阶段的考核。

（3）期末考核　依据教学管理办法由第三方出题进行考评。成绩报告给试点班领导小组和浩业公司人力资源部。同时进行对指导教师的三评活动。

形成校内考核和校外车间考核相结合的考试机制。除了对学生进行校内的考核，还要多给学生提供到浩业公司生产车间一线锻炼的机会，将校外考核纳入学生考试的总成绩，这样有利于培养学生的实际应用水平。考核实施参考见表 2.15。

表 2.15　浩业企业管理课程考核实施参考

考核项目	考核内容	扣分/(分/次)	考核对象
一、学习态度及工作纪律	①上课期间大声喧哗或长时间与他人谈论与学习无关的事	2	试点班学生（学徒）
	②上课期间无故起哄，严重影响他人学习	2	
	③上课期间做与学习无关的事	2	
	④非合理需要，上课期间看与学习无关的资料	2	
	⑤无正当理由迟到或早退	2	
	⑥实训期间串岗、追逐嬉戏影响他人工作	2	
	⑦计算机、书本、学习资料等不及时关闭、摆放不整齐	2	
	⑧由于保管不当造成学习资料、工具丢失或损坏	2	
	⑨实训区域内卫生不达标经指正无效者	2	
	⑩非学习需要，乱复印资料	2	
	⑪未经许可或借故不上课	2	
	⑫不保守浩业企业生产机密	2	
二、团队合作精神	①不文明用语	2	
	②实训中，各自为政，不愿相互配合	2	
	③实训中不相互尊重	2	
	④不愿承认、承担自己在实训中的过错	2	
	⑤出现问题时，强词夺理	2	
	⑥当面或背后传谣造谣，诽谤同学或老师	2	
	⑦不参加课程讨论会议、活动的	2	
	⑧欺骗老师，隐瞒操作中的失误，并造成一定的损失	2	
三、工作主动性和工作能力	①实训中，不能熟练地编制生产计划表	2	
	②实训中，不能熟练地按操作规程模拟操作	4	
	③实训中，不能熟练地填写装置生产实际操作记录	4	
	④实训中故意拖延，不按时完成	2	
	⑤模拟操作时不依照相关文件要求进行	2	

考核项目	考核内容	扣分/(分/次)	考核对象
三、工作主动性和工作能力	⑥不及时做好实训记录	2	
	⑦表单填写模糊不清,不能清晰、准确地记录质量数据	2	
	⑧实训中,出现相互推诿的现象	2	
	⑨实训中,问题出现时不主动反映或处理	2	
	⑩实训中,出现消极怠工	2	
	⑪实训中,不服从老师安排经劝说无效者	2	试点班学生（学徒）
四、工作绩效	①出现表单错填	4	
	②出现制定的计划不可行	4	
	③出现不符合监察制度的行为	8	
五、岗位能力	①合作能力欠缺	3	
	②不能主动安排、协调和处理本职工作相关的问题	3	
	③岗位经验缺乏以至于不能及时、有效地开展本职工作	3	
	④欠缺发现工作中存在问题的能力	3	
	⑤欠缺举一反三的创新能力	3	
	⑥欠缺遵守本职工作有关的程序、流程、规范等的能力	3	
合计		100	
说明	当出现考核测评扣10分或以上时,需通知被扣分人班主任		

2.4.6 教学资源

2.4.6.1 实训条件

浩业企业管理课程校内实训条件见表2.16。

表2.16 浩业企业管理课程校内实训条件

名称	基本配置要求	场地大小/m²	功能说明
企业管理实训室	多媒体教师主控台、办公桌椅、摄录设备,以及打印机、传真机等办公设备,ERP软件	100	利用多媒体设备、网络及软件模拟开展化工企业管理模拟训练

浩业企业管理课程校内理论课条件见表2.17。

表2.17 浩业企业管理课程校内理论课条件

序号	名称	基本配置要求	场地大小/m²	功能说明
1	投影、音响系统、学生用计算机	Windows系统,4个麦克	100	支持多媒体教学
2	无线网、局域网			查询网络资源、微信互动

2.4.6.2 教学资源基本要求

（1）浩业企业管理课程多媒体教学软件;

（2）浩业企业相关文件、规程、表单等；

（3）万方数据、超星图书等资源。

2.4.7 说明

2.4.7.1 学生学习的基本要求

① 通过学校、企业的深度合作与教师、师傅的联合传授，能达到企业要求的工作能力，形成严明的组织纪律观念和较高的企业忠诚度；

② 具备基本的化工企业管理等基础知识和相关知识，通过训练达到一线操作工、班组长上岗要求；

③ 借助操作人员操作规程或相关培训后，能熟悉操作实际流程，按照操作规程安全生产；

④ 认真按工艺流程和设备装置开工停检修规程操作，保证浩业公司生产的连贯性，按浩业公司保密要求，真实填写（用仿宋体）生产报表；

⑤ 不断学习，掌握新技术、新知识，适应浩业公司的快速发展。

2.4.7.2 校企合作要求

① 与人力资源部门人员共同确定岗位标准，明确教学内容，共同建设教材；

② 车间技术人员定期参与指导实训项目；

③ 车间技术人员负责学生技能评价；

④ 学生能够进入车间进行参观学习；

⑤ 学院实训室与人力资源部遴选一到两个项目，人力资源部提供具体工作任务共同测定，对比生产表单及内部文件，检测学生能力。

2.4.7.3 实施要求

① 根据车间班组工作情况，教学时数可适当增减。

② 教学过程中，定期带领学生到车间参观，条件具备的情况下在车间进行现场教学；校内上课地点设在具有"教、学、做"一体化功能的企业管理实训室，在车间师傅参与下，学习与浩业公司车间相匹配的技术知识和岗位操作技能，做到学以致用，调动学生学习的积极性与主动性，达到一线操作工、班组长上岗要求。

③ 在教学中期，开展学生与车间青年员工擂台赛，企业提高了员工的技术水平，学校促进了教学质量的提升，力求能使试点班学生（学徒）熟悉相关管理制度、产品质量标准、劳动纪律和生产安全知识，建立起一种共同的信念，达成一致的价值观，具备爱岗敬业、诚实守信、勤奋工作的工匠精神。

④ 接受学院现代学徒制考核评价与督查管理。实现指导教师、企业师傅、社会多方参与的考核评价。

⑤ 丰富本课程教学资源，便于教师教学、学生学习，使教与学的过程具有交互性、共享性、开放性、协作性和自主性。建议以网络课程的形式展示，展示的内容分为课程级资源和企业级资源。课程级资源包括课程标准、课程设计、课程教学方案、教材、教案、课件、试题、师生互动等。企业级资源整合浩业公司资源，包括教学视频、动画、图片、案例等。

2.5　化工原理课程标准

2.5.1　基本信息

化工原理课程的基本信息见表 2.18。

表 2.18　化工原理课程基本信息

适用车间或岗位	延迟焦化、深度加氢、催化裂化、连续重整、常减压蒸馏车间		
课程性质	专业基础课程	课时	128 学时
授课方式	理实一体化		
先修课程	化工识图与 CAD、物理化学		

2.5.2　教学目标

2.5.2.1　浩业相关要求

盘锦浩业化工有限公司 2012 年成立，有 300 万吨/年高等级道路沥青装置、350 万吨/年常减压蒸馏装置、240 万吨/年催化裂化装置、140 万吨/年加氢精制装置、40 万吨/年延迟焦化装置、120 万吨/年连续重整装置、40 万吨/年异构化装置、40 万吨/年烷基化装置、5000 吨/年硫黄回收装置等，项目投资 30 亿元，总用地 1000 亩，现有员工 1500 名。企业要求通过此门课程的学习，使学生（学徒）掌握延迟焦化、深度加氢、催化裂化、连续重整及常减压蒸馏共 5 个车间所涉及的化工生产中通用的化工单元操作（机泵操作、换热操作、蒸馏操作、沉降操作、吸收操作、萃取操作）的原理、设备结构、操作影响因素分析、开停车操作及控制调节、操作的异常现象及事故隐患，能够进行泵的切换等简单操作，熟练使用DCS 操作系统，并具有良好的职业素养，认同浩业企业文化，为今后学习专业课打下坚实的基础。

2.5.2.2　课程目标

通过本课程的学习和训练，现代学徒制试点班学生应该具备以下知识、能力和素质：

（1）知识目标

① 了解化工生产过程及其特点；

② 了解化工单元操作的特点、种类；

③ 掌握各单元操作基本原理、应用；

④ 熟悉化工计算中的一些重要参数的求定方法与查取方法；

⑤ 掌握单元过程的物料平衡、热量平衡；

⑥ 掌握传质过程的平衡理论、速率关系；

⑦ 熟悉典型单元过程的基本工艺计算；

⑧ 掌握安全生产的基本知识；

⑨ 掌握影响操作参数、产品质量的因素；

⑩ 熟悉常见典型设备的结构及作用。

⑪ 掌握典型化工单元操作开停车的一般原则；

⑫ 掌握常见典型设备的事故隐患及处理预案；

⑬ 熟悉 DCS 操作界面。

（2）能力目标

① 能绘制单元装置工艺流程简图；

② 能识读带控制点的工艺流程图；

③ 能查阅化工资料，正确使用工具书、手册及图表；

④ 能在仿真操作软件上完成典型化工单元设备的操作及控制调节，并处理简单故障；

⑤ 能在实际装置上正确完成典型单元设备的操作及控制调节；

⑥ 能正确使用常用操作工具。

（3）素质目标

① 培养学生环境保护意识、经济意识和安全意识；

② 培养学生团结合作、吃苦耐劳的职业素养；

③ 培养学生精益求精的工匠精神；

④ 培养学生严谨的工作作风；

⑤ 培养学生沟通能力、团队合作意识；

⑥ 培养学生分析和解决问题的能力。

2.5.3 课题与课时分配

化工原理课程课题与课时分配见表 2.19。

表 2.19 化工原理课程课题与课时分配

序号	课题名称	总课时/学时	课时分配/学时		
			理论	实践	其他
1	课程总论	2	2		
2	流体流动	24	16	8	
3	机泵操作	20	16	4	
4	换热操作	20	14	6	
5	沉降操作	4	4		
6	蒸馏操作	36	20	16	
7	吸收操作	16	12	4	
8	萃取操作	6	6		
	合计	128	90	38	

2.5.4 教学内容

课题一 课程总论（2 学时）

（1）化工生产过程（0.5 学时）

（2）化工单元操作（1 学时）

（3）课程的任务、考核评价方法（0.5 学时）

课题二　流体流动（24 学时）

（1）流体的基本性质（3 学时）

① 化工生产中的管道介质。

② 流体的基本性质：

a. 密度；

b. 黏度；

c. 压力。

（2）流体输送系统（6 学时，其中理论 2 学时，实操 4 学时）

① 流体输送方式。

② 流体输送系统：

a. 流体输送系统；

b. 化工管路的构成、分类及标准；

c. 流量和流速；

d. 管子规格及选用。

③ 管件和阀门。

④ 管路的布置与安装原则：

a. 管子的连接；

b. 管路的布置与安装；

c. 管路的热补偿、保温、涂色、防腐及防静电措施；

d. 管道的试压；

e. 管道的吹扫和清洗。

⑤ 管路的维护。

⑥ 实操训练——管路拆装操作。

（3）流体流动的基本规律（6 学时）

① 静力学方程；

② 稳定流动和不稳定流动；

③ 连续性方程；

④ 伯努利方程。

（4）流体在管中的流动阻力（3 学时）

（5）参数测量及控制（6 学时，其中理论 2 学时，仿真操作 4 学时）

① 仪表及控制装置；

② 压力测量及控制；

③ 液位测量及控制；

④ 流量测量及控制；

⑤ 仿真训练——液位控制仿真操作训练。

课题三　机泵操作（20 学时）

（1）离心泵操作（12 学时，其中理论 8 学时，仿真操作 2 学时，现场实操 2 学时）

① 离心泵的结构、类型；

② 离心泵的工作原理及性能；

③ 离心泵的气蚀现象及预防措施；

④ 离心泵的流量调节；

⑤ 离心泵的开停车操作及日常维护；

⑥ 离心泵的故障处理；

⑦ 仿真训练——离心泵仿真操作；

⑧ 实操训练——离心泵现场切换操作。

（2）其他类型泵操作（2学时）

① 往复泵；

② 齿轮泵；

③ 旋涡泵；

④ 螺杆泵。

（3）压缩机操作（4学时）

① 离心压缩机的结构、工作原理及性能；

② 离心压缩机的开停车操作及日常维护；

③ 离心压缩机的喘振现象及预防措施；

④ 往复式压缩机。

（4）风机操作（1学时）

（5）真空泵操作（1学时）

课题四 换热操作（20学时）

（1）工业换热方法（2学时）

① 换热系统构成；

② 传热的基本方式；

③ 工业换热方法；

④ 工业常用的加热剂与冷却剂；

⑤ 化工生产中的节能途径。

（2）换热器（4学时，其中理论2学时，实操2学时）

① 结构及分类；

② 实操训练——列管换热器拆装操作。

（3）传热的基本规律（8学时）

① 稳定传热与不稳定传热；

② 热传导；

③ 对流传热；

④ 间壁式换热器工艺计算。

（4）换热器的操作（6学时，其中理论2学时，实操4学时）

① 开停车操作；

② 影响换热器操作的因素；

③ 日常维护；

④ 故障处理；

⑤ 实操训练——换热器现场操作。

课题五　沉降操作（4 学时）

（1）重力沉降操作（2 学时）

① 影响重力沉降的因素；

② 重力沉降设备及操作。

（2）离心沉降操作（2 学时）

① 影响离心沉降的因素；

② 旋风分离器及操作。

课题六　蒸馏操作（36 学时）

（1）工业蒸馏流程（4 学时，其中实操 2 学时）

① 蒸馏操作的工业应用及分类；

② 精馏流程；

③ 实操训练——查摸精馏流程。

（2）精馏原理（4 学时）

① 双组分溶液的气液相平衡；

② 相对挥发度；

③ 精馏原理。

（3）精馏塔（6 学时，其中实操 4 学时）

① 塔设备的分类；

② 板式塔的结构；

③ 板式塔内气液接触状态；

④ 板式塔内气液两相的流动；

⑤ 实操训练——浮阀塔盘拆装操作。

（4）影响精馏操作的主要因素（8 学时）

① 物料平衡的影响；

② 热量平衡的影响；

③ 压力的影响；

④ 回流的影响；

⑤ 温度的影响；

⑥ 进料热状况的影响。

（5）精馏塔的操作及故障处理（12 学时，其中实操 4 学时，仿真操作 6 学时）

① 精馏塔的开、停车操作；

② 精馏操作常见故障及处理；

③ 仿真训练——精馏塔仿真操作；

④ 实操训练——精馏塔现场操作。

（6）其他精馏操作（2 学时）

① 恒沸精馏；

② 萃取精馏；

③ 多组分精馏。

课题七　吸收操作（16 学时）

（1）工业吸收流程（2 学时）

① 吸收操作的工业应用及分类；

② 吸收及解吸流程；

③ 吸收剂的选择。

（2）吸收原理（4 学时）

① 吸收的气液相平衡；

② 吸收传质机理；

③ 吸收速率；

④ 化学吸收。

（3）吸收塔（2 学时）

① 填料塔结构及特点；

② 填料的类型及性能评价；

③ 填料塔的附件；

④ 填料塔的流体力学特性。

（4）吸收塔的操作及故障处理（8 学时，其中实操 4 学时）

① 影响吸收操作的主要因素；

② 吸收塔的开、停车操作；

③ 吸收操作常见故障及处理；

④ 实操训练——吸收塔现场操作。

课题八　萃取操作（6 学时）

（1）工业萃取流程（2 学时）

① 萃取操作的工业应用及分类；

② 萃取流程；

③ 萃取设备。

（2）萃取的基本原理（2 学时）

① 液-液萃取相平衡；

② 萃取剂的选择原则。

（3）萃取塔的操作及故障处理（2 学时）

① 影响萃取操作的主要因素；

② 萃取塔的开车、停车操作原则。

2.5.5　考核方案

2.5.5.1　考核项目

考核项目包括：学习态度、理论知识、操作技能、团队合作精神、工作纪律、职业素养等方面。成绩报告给试点班领导小组和浩业公司人力资源部。

2.5.5.2 考核办法

（1）**态度考核** 学习态度、团队合作精神、工作纪律、职业素养采用日常考核的方法，融入浩业公司的企业文化，注重过程评价，注重培养学生的职业素养，总计100分。具体考核指标见表2.20。

表2.20 态度考核的具体指标

考核项目	考核内容	扣分/(分/次)	考核对象
一、学习态度及工作纪律	①迟到或早退	1	试点班学生（学徒）
	②无故旷课	5	
	③病假、事假	1	
	④上课期间大声喧哗、起哄,严重影响课堂纪律	2	
	⑤上课睡觉、玩手机,做与学习无关的事	2	
	⑥上课不参与课堂讨论活动,不按时完成课堂学习任务	2	
	⑦不按时交作业、报告	2	
	⑧实训期间串岗、追逐嬉戏影响他人工作	2	
	⑨由于保管不当造成工具丢失或损坏	2	
	⑩隐瞒操作中的失误,并造成一定的损失	2	
	⑪不相互尊重、不文明用语	1	
	⑫上课、实训期间打架	10	
	⑬不服从老师安排经劝说无效者	5	
二、团队合作精神	①上课、实训期间小组成员各自为政,不能和队友在互相尊重的基础上相互帮助,高效地完成团队任务	2	
	②不能勇于承担过错,出现问题,互相推诿	2	
	③当面或背后传谣造谣、诽谤同学或老师	5	
三、职业素养	①零件、工具摆放不整齐,乱	2	
	②实训区域内卫生不达标经指正无效者	2	
	③不保守企业技术机密	2	
	④不规范操作	2	
	⑤实训时无安全生产意识	2	
	⑥操作记录不规范	2	

（2）**任务考核** 每堂课根据学习任务,从小组、个人两方面对学生进行考核。随课程进行,总计100分,小组考核、个人考核各占50%。

小组考核:以小组为团队,布置任务,通过代表发言、答辩、团队合作情况,综合给分,也计入个人分数中。

个人考核:从上课提问、主动回答老师问题、小组讨论发言情况、完成课堂任务情况,综合给分,计入个人分数中。

（3）**阶段考核** 由学校老师和企业师傅在每个课题学习结束之后,针对教学内容以笔试形式对学生的综合测试。每个课题100分。

内容涉及浩业公司延迟焦化、深度加氢、催化裂化、连续重整及原料预处理共 5 个车间生产中通用的 8 个单元操作的相关理论知识和操作知识。考核完成后，进行通报、分析、总结，让试点班学生知道努力目标，将考试评价与促进学习相结合。

（4）操作考核　在实际装置及 DCS 仿真系统上对典型化工单元操作设备进行仿真操作、实操考核，内容有：离心泵开停车操作、液位控制操作、换热器操作、管路拆装操作，考核学生的实际动手能力及 DCS 操作能力。随课程进行，每个操作 100 分。

（5）期末考核　期末阶段，结合课程内容及浩业生产车间的工艺，给出 5 张图，任选其一，能够绘制工艺流程图、叙述工艺流程，能识读带控制点的工艺流程图，说明其中各操作的基本原理。考核方式：口试＋笔试。总共 100 分。

2.5.5.3　考核权重

具体考核方案如下。

（1）第 1 学期考核方案见表 2.21。

表 2.21　第 1 学期考核方案

序号	考核形式、内容		权重
1	日常考核		15%
2	任务考核		15%
3	阶段考核（20%）	总论、流体流动	5%
		机泵操作	8%
		换热操作	7%
4	操作考核（20%）	管路拆装操作	5%
		液位控制操作	5%
		离心泵操作	5%
		换热器操作	5%
5	期末考核	浩业公司生产车间的工艺，5 图选 1 笔试＋口试	30%
	合计		100%

（2）第 2 学期考核方案见表 2.22。

表 2.22　第 2 学期考核方案

序号	考核形式、内容		权重
1	日常考核		15%
2	任务考核		15%
3	阶段考核（20%）	沉降	5%
		蒸馏	5%
		吸收	5%
		萃取	5%

续表

序号	考核形式、内容		权重
4	操作考核 （20%）	蒸馏实际操作	5%
		蒸馏仿真操作	5%
		吸收实际操作	5%
		吸收仿真操作	5%
5	期末考核	浩业生产车间的工艺,5图选1 笔试＋口试	30%
	合计		100%

2.5.6 教学资源

2.5.6.1 实训条件

化工原理课程的实训条件基本要求见表2.23。

表 2.23　化工原理课程实训条件基本要求

序号	名称	基本配置要求	场地大小/m²	功能说明
1	仿真实训室	计算机50台,典型化工单元仿真操作软件	100	识读带控制点流程;学习操作规程;进行典型单元操作装置开、停车模拟仿真操作
2	化工单元操作实训室	管路拆装、流体输送、传热、精馏、吸收、萃取操作装置各两套,主控制操作台	100	能进行理实一体化教学;查摸流程;操作训练
3	模型、实物展室	各种化工单元操作典型设备模型或实物设备	100	学习设备结构;可拆卸、有剖面
4	校外实训基地	生产装置(常减压蒸馏、催化裂化、延迟焦化、加氢、重整装置)		学工艺流程、查流程;学工艺控制;感受真实生产环境和过程

2.5.6.2 教学资源基本要求

① 燃料油生产工国家职业标准;
② 合作企业提供的企业生产与管理规范、生产案例、单元设备操作规程等资源;
③ 化工原理多媒体课件、图片库、视频、动画、试题库等教学资源;
④ 与课程教学相适应的《化工原理》校本教材;
⑤ 计算机网络系统、万方数据、超星图书等资源;
⑥ 离心泵、换热器、液位控制、压缩机、精馏、吸收、萃取装置等仿真软件。

2.5.7 说明

2.5.7.1 学生学习基本要求

能够按照基于工作过程的项目化教学要求,完成项目教学"六步法"要求,"资讯、计划、决策、实施、检查、评价"。

① 具备一定的学习能力，学会查阅资料以获取资讯；

② 学会制订方案，通过研究、讨论等一系列活动确定实施方案；

③ 具备一定的识图能力，能根据流程图查摸现场流程；

④ 能读懂操作规程，通过训练能够进行简单的操作；

⑤ 能熟练使用 DCS 操作系统，进行装置开、停车操作及参数的控制调节；

⑥ 具备组织纪律观念，不迟到早退，不无故旷工，能适应化工企业严格的管理；

⑦ 学会团结协作，小组成员分工协作共同完成任务；

⑧ 具备一定的语言表达能力，能够汇报任务完成的情况。

2.5.7.2　校企合作要求

① 与企业人员共同确定岗位任务，明确教学内容，共同建设教材；

② 企业安排实训指导教师定期参与指导实训项目；

③ 企业人员负责学生技能评价；

④ 学生能够进入企业生产车间进行参观、实习；

2.5.7.3　实施要求

① 本课程教学采用项目教学法，基于浩业公司生产车间实际生产过程制定学习任务。

② 教学过程中，定期带领学生到企业生产车间参观，条件具备的情况下在企业生产车间进行现场教学；校内上课地点设在具有"教、学、做"一体化功能的仿真实训室或单元操作实训基地，在企业人员参与下，融入"燃料油生产工"国家职业资格标准，学习与典型化工单元操作相匹配的技术知识和岗位操作技能，做到学以致用，调动学生学习的积极性与主动性，为学习专业课打下坚实的基础。

③ 丰富本课程教学资源，便于教师教学、学生学习，使教与学的过程具有交互性、共享性、开放性、协作性和自主性。建议以网络课程的形式展示，展示的内容分为课程级资源和企业级资源。课程级资源包括课程标准、课程设计、课程教学方案、教材、教案、课件、试题、师生互动等。企业级资源整合浩业公司资源，包括教学视频、动画、图片、案例等。

④ 接受学院现代学徒制考核评价与督查管理。实现指导教师、企业师傅、社会多方参与的考核评价。由麦可思公司第三方评价给出权威结论，经校企共同考评合格的学徒，优先就业。

⑤ 积极鼓励试点班学生（学徒）以双身份参加辽宁省及全国职业院校化工生产技术技能大赛，大赛成绩可代替本课程成绩。

⑥ 在教学中期，开展学生与浩业公司青年员工擂台赛，企业提高了员工的技术水平，学校促进了教学质量的提升，力求能使试点班学生（学徒）熟悉相关管理制度、产品质量标准、劳动纪律和生产安全知识，建立起一种共同的信念，达成一致的价值观，具备爱岗敬业、诚实守信、勤奋工作的工匠精神。

⑦ 根据企业生产车间实际工作情况，教学时数可适当增减。

2.6 化工机械与钳工技术课程标准

2.6.1 基本信息

化工机械与钳工技术课程的基本信息见表 2.24。

表 2.24 化工机械与钳工技术课程基本信息

适用车间或岗位	常减压蒸馏、催化裂化、加氢裂化、催化重整、焦化等岗位的内操或外操		
课程性质	专业基础课程	课时	68 学时
授课方式	教、学、做一体，讲练结合		
先修课程	化工识图与 CAD、化工原理		

2.6.2 教学目标

2.6.2.1 企业相关要求

盘锦浩业化工有限公司以炼油为主，具有常减压蒸馏、催化裂化，加氢裂化、催化重整、焦化等成套炼油装置。经过多年的发展，目前我院（辽宁石化职业技术学院）有几百位毕业生在浩业公司的一线岗位从事生产经营活动。通过现有毕业生的工作情况，结合企业实际，企业要求通过此门课程的学习，使学生（学徒）掌握浩业企业典型化工装置所用设备的应用场合、结构和工作原理，各零部件的作用和设备操作维护方法。掌握常用泵和压缩机等流体机械的结构和特点，在工作中常见的故障及处理方法，泵和压缩机的运行与管理。掌握一定的钳工基本知识与技能，了解常用检修工具、量具的使用方法。并具有良好的职业素养，认同浩业企业文化，毕业即可到企业生产车间顶岗。

2.6.2.2 课程目标

通过本课程的学习和训练，现代学徒制试点班学生应该具备以下知识、能力和素质。

（1）知识目标

① 掌握浩业公司化工生产对化工设备的基本要求；

② 了解浩业公司所用化工设备的分类、化工设备常用标准；

③ 了解浩业公司所用化工设备常用材料及选材要求；

④ 了解浩业公司所用化工设备的金属材料腐蚀的概念、机理；

⑤ 熟悉拉伸与压缩、挤压与剪切、圆轴扭转、弯曲四种基本变形的受力特点，以保证浩业公司化工设备安全运行；

⑥ 熟悉化工设备常用材料的力学性能；

⑦ 了解浩业公司生产装置中的螺纹连接、键连接、销连接的类型、标准及应用场合；

⑧ 了解浩业公司生产装置中的带传动、齿轮传动、蜗轮蜗杆传动的特点、类型及应用场合；

⑨ 了解浩业公司生产装置中的联轴器的类型、结构、标准；

⑩ 了解浩业公司生产装置中的轴与轴承的分类及结构与材料；

⑪ 掌握浩业公司生产装置中的压力容器设计参数的含义，掌握压力容器与管道的公称压力、公称直径和概念，并根据工作需要进行选择；

⑫ 熟悉浩业公司生产装置中的法兰结构类型、密封面形式及适应的条件，容器支座的类型、结构及选用的方法；

⑬ 熟悉浩业公司生产装置中的填料塔的填料支撑装置、喷漆装置、液体再分布装置的作用、结构、类型，掌握板式塔的塔盘、除沫装置、接管、人孔、手孔的作用、结构、类型；

⑭ 掌握浩业公司生产装置中间壁式换热器的主要类型与结构；

⑮ 掌握浩业公司生产装置中管壳式换热器的结构、特点及适应场合，管壳式换热器的管板结构及与壳体、管子的连接方式，管箱、折流板、挡板、温度补偿装置的作用与结构；

⑯ 掌握浩业公司生产装置中典型化工设备及化工管路常见故障及排除的方法；

⑰ 熟悉浩业公司生产装置中管子常用的材料及适用场合，常用管件的结构形式，了解阀门的分类、结构、工作原理及应用场合，了解管路温差应力的产生，认识温差补偿装置；

⑱ 熟悉浩业公司生产装置中常用泵和压缩机的结构和工作原理，熟悉常用泵和压缩机的开、停车操作及运行参数（流量）的调节方法，常见故障的类型及处理方法；

⑲ 了解浩业公司生产装置中化工设备故障诊断的基本方法；

⑳ 了解浩业企业钳工的工作内容、性质、特点及其在工业生产中的重要作用；

㉑ 掌握钳工基本知识及安全技术知识；

㉒ 熟悉浩业企业钳工工作的实质、特点以及在机械装配、维护与维修中的重要性；

㉓ 熟悉钳工常用工具、量具、设备的使用和维护保养。

（2）能力目标

① 具有分析浩业公司生产装置上的化工容器典型结构的能力；

② 具有正确识别化工设备常用材料的能力；

③ 具有识别构件基本变形的能力，并能简单的分析计算；

④ 具有合理的选择连接方式、传动方式的能力；

⑤ 具有合理选择联轴器与轴承类型的能力；

⑥ 具有对压力容器标准附件的识别和选择能力；

⑦ 具有根据工艺条件合理选择塔设备的类型、塔板结构形式或填料类型的能力；

⑧ 具有合理选用换热器类型、进行结构分析及选用的能力；

⑨ 具有根据工艺条件正确选择管子材料的能力，具有正确选用管件、阀门和管路连接方法的能力；

⑩ 具有识别常用泵和压缩机的结构的能力；

⑪ 具有对常用泵和压缩机的运转操作能力；

⑫ 具有钳工基础知识；

⑬ 具有识读机械图纸的能力；

⑭ 具有钳工工具、钳工设备使用能力。

（3）素质目标

① 具有自主学习和获取信息的能力；

② 具有综合分析问题和解决问题的能力；

③ 具有规范操作及安全生产意识、经济意识和环保意识；

④ 具有良好的语言表达、交流沟通和文字处理能力；

⑤ 具有良好的职业道德，爱岗敬业；

⑥ 具有严谨求实、吃苦耐劳、勇于创新的精神；

⑦ 具有团队协作精神；

⑧ 能够适应企业操作中倒班的工作方式。

2.6.3　课题与课时分配

本课程的课题与课时分配见表 2.25。

表 2.25　化工机械与钳工技术课程课题与课时分配

序号	课题名称	总课时/学时	课时分配/学时		
			理论	实践	其他
1	化工设备基本知识	8	6	2	
2	化工设备力学基础	4	4	0	
3	连接与传动	6	4	2	
4	压力容器	10	8	2	
5	塔设备	6	4	2	
6	换热器	6	4	2	
7	化工管路	6	4	2	
8	泵和压缩机	12	8	4	
9	钳工基础知识	10	6	4	
	合计	68	48	20	

2.6.4　教学内容

课题一　化工设备基本知识（8 学时）

（1）化工生产特点（1 学时）

（2）化工设备基本要求（1 学时）

（3）化工容器的基本结构、分类（2 学时）

（4）常用材料的性能（1 学时）

（5）金属材料的腐蚀概念、类型及防护（3 学时）

课题二　化工设备力学基础（4 学时）

（1）轴向拉伸与压缩（1 学时）

（2）剪切与挤压（1 学时）

（3）圆轴扭转（1 学时）

（4）直梁弯曲（0.5 学时）

（5）压杆稳定（0.5 学时）

课题三　连接与传动（6学时）

（1）机械设计中连接的基本类型及其用途（1.5学时）

（2）带传动的工作原理、基本结构、基本类型（1学时）

（3）齿轮传动的工作原理、基本结构、基本类型（1学时）

（4）蜗杆传动的工作原理、基本结构、基本类型（1学时）

（5）轴的结构与特点，滑动轴承、滚动轴承的工作原理、结构与类型（1.5学时）

课题四　压力容器（10学时）

（1）圆筒与球壳回转壳体的结构（1.5学时）

（2）内压薄壁容器的结构及壁厚的确定条件（1.5学时）

（3）常见容器封头的形式、特点（1学时）

（4）压力容器设计参数的确定（2学时）

（5）容器设计的标准化，法兰连接，容器的支座，容器的开孔与补强结构，容器安全装置（4学时）

课题五　塔设备（6学时）

（1）填料塔的结构（1学时）

（2）填料的形式、应用，填料支承装置，液体喷淋装置，液体再分布装置的结构（1学时）

（3）板式塔的总体结构与基本类型（1学时）

（4）塔盘结构，除沫装置，进出口管装置，人孔与手孔的结构和特点（1学时）

（5）塔设备常见机械故障及排除方法（2学时）

课题六　换热器（6学时）

（1）换热设备的分类（1学时）

（2）间壁式换热器的主要类型、结构（1学时）

（3）管壳式换热器的形式与结构（1学时）

（4）管壳式换热器的应用场合（0.5学时）

（5）管板结构及壳体、管子的连接方式（0.5学时）

（6）管箱、折流板、挡板、温差补偿装置的作用与结构（0.5学时）

（7）换热器技术的发展及标准化（0.5学时）

（8）管壳式换热器的常见故障及排除方法（1学时）

课题七　化工管路（6学时）

（1）压力管道的概念（1学时）

（2）化工管子的常用材料（0.5学时）

（3）管径的选择和确定（0.5学时）

（4）管件与阀门（1.5学时）

（5）管路的连接（1.5学时）

（6）化工管路的故障分析方法（1学时）

课题八　泵和压缩机（12学时）

（1）泵和压缩机的结构（4学时）

（2）工作原理（2学时）

（3）主要零部件结构（2学时）

（4）启动与停车操作（2学时）

（5）运行中的参数调节（2学时）

课题九 钳工基础知识（10学时）

（1）钳工工作的特点（1学时）

（2）钳工工作的基本技能（1学时）

（3）钢直尺、卡钳、塞尺、游标卡尺、游标万能角度尺、外径千分尺、内径千分尺、深度尺、百分表、水平仪等使用方法及使用注意事项（2学时）

（4）测量设备及测量工具的维护、保养规则（1学时）

（5）锯削工具的使用及常见工件的锯削加工方法（1学时）

（6）手锤、扳手等拆卸与安装工具的种类及使用（1学时）

（7）錾削加工所需工具的使用及錾削加工所应注意的事项及安全操作规程（1学时）

（8）锉削加工所需工具及基本形面的锉削方法（2学时）

2.6.5 考核方案

2.6.5.1 考核项目

考核项目包括：学习态度、理论知识和操作能力、团队合作精神、工作纪律、岗位能力等方面。

2.6.5.2 考核办法

（1）阶段考核 由学校老师和企业师傅在每一课题或两个课题结束后，针对所在课题的学习训练内容，以笔试、实操或口答、网络等方式进行考核，将考试评价与促进学习相结合。考核完成后，即时召开学习讨论会，进行通报、分析、总结，让试点班学生知道努力的方向。

（2）期中考核 由教务处牵头或所在企业培训部门负责，完善考试内容，使其更加符合浩业公司内、外操作岗位的培养目标，采取多样化的考试形式对学生的综合能力进行阶段的考核。

（3）期末考核 依据教学管理办法由第三方出题进行考评。成绩报告给试点班领导小组和浩业公司人力资源部。同时进行对指导教师的三评活动。

形成校内考核和浩业企业考核相结合的考试机制。除了对学生进行校内的考核，还要多给学生提供到浩业企业一线锻炼的机会，以提高学生对知识的理解能力，将校外考核纳入学生考试的总成绩中，这样有利于培养学生的实际应用水平。

2.6.6 教学资源

本课程的教学需要多媒体专业教室、化工设备维修车间，且应具有典型化工生产实训装置。同时，还应具有对应本课程需要的校外实训基地。根据课程内容的需要，可以在校外真实生产现场完成教学任务。

2.6.6.1 实训条件

本课程实训条件的基本要求见表2.26。

表 2.26 化工机械与钳工技术课程实训条件基本要求

序号	名称	基本配置要求	场地大小/m²	功能说明
1	化工设备维修车间	典型的化工设备	200	用于学生的实践教学，车间内应有典型的化工设备及化工管路系统，具备拆卸、安装、维护等功能
2	化工单元操作实训室	各种化工单元操作典型设备模型或实物设备	100	能进行体验式教学；使学生认识化工设备装置的作用、地位；学习设备结构
3	乙酸乙酯生产实训装置	生产装置	300	能进行体验式教学；使学生认识化工设备的装置中的作用，地位；学习设备结构
4	常减压蒸馏生产实训装置	生产装置	300	能进行体验式教学；使学生认识化工设备的装置中的作用，地位；学习设备结构
5	校外实训基地	认识化工设备实物（制造厂）		认识不同化工设备的内部结构

2.6.6.2 教学资源基本要求

① 化工机械与钳工技术课程的多媒体课件、图片库、视频、动画、试题库等教学资源；

② 与课程教学相适应的《化工机械与钳工技术》教材及相关专业书籍、期刊等资源；

③ 计算机网络系统、万方数据、超星图书等资源；

④ 塔设备、换热器、反应器、化工管路、储存容器、泵及压缩机等典型化工设备实物或模型。

2.6.7 说明

2.6.7.1 学生学习基本要求

① 具备化工制图与识图知识，具备化工原理课程中流体输送、精馏、传热等典型化工单元操作知识，通过学习训练达到企业相关的岗位上岗要求；

② 通过学习或相关培训后，能熟悉常见机泵设备的性能和使用方法，按照操作规程安全使用；

③ 具备组织纪律观念、团队协作能力；

④ 自主学习、不断钻研，掌握新技术、新知识，适应浩业企业快速发展的要求。

2.6.7.2 校企合作要求

① 与企业相关岗位的设备管理和使用的技术人员共同确定岗位标准，明确教学内容，共同建设教材；

② 企业相关岗位的设备管理和使用的技术人员定期参与课程教学实施及实训项目指导；

③ 企业相关岗位的设备管理和使用的技术人员负责学生技能评价；

④ 将浩业企业的标准与规范、先进的企业文化引入教学中。

2.6.7.3　实施要求

① 根据企业的岗位情况，教学时数可根据具体情况适当增减。

② 教学过程中，定期带领学生到企业参观，条件具备的情况下在企业进行现场教学；校内上课地点设在具有"教、学、做"一体化功能的专业教室，做到学以致用，调动学生学习的积极性与主动性。

③ 在教学过程中，力求能使试点班学生（学徒）熟悉相关管理制度、产品质量标准、劳动纪律和生产安全知识，建立起一种共同的信念，达成一致的价值观，具备爱岗敬业、诚实守信、勤奋工作的工匠精神。

④ 接受学院现代学徒制考核评价与督查管理。实现指导教师、企业师傅、社会多方参与的考核评价。由麦可思公司第三方评价给出权威结论，经校企共同考评合格的学徒，优先进入质检中心就业。

⑤ 丰富本课程教学资源，便于教师教学、学生学习，使教与学的过程具有交互性、共享性、开放性、协作性和自主性。建议以网络课程的形式展示，展示的内容分为课程级资源和企业级资源。课程级资源包括课程标准、课程设计、课程教学方案、教材、教案、课件、试题、师生互动等。企业级资源整合浩业公司资源，包括教学视频、动画、图片、案例等。

2.7　化工控制及电工技术课程标准

2.7.1　基本信息

化工控制及电工技术课程的基本信息见表 2.27。

表 2.27　化工控制及电工技术课程基本信息

适用车间或岗位	常减压蒸馏、加氢、延迟焦化、连续重整、催化裂化等		
课程性质	专业基础课程	课时	68 学时
授课方式	理实一体化		
先修课程	化工原理、化工识图与 CAD		

2.7.2　教学目标

2.7.2.1　企业相关要求

盘锦浩业化工有限公司具有高等级道路沥青装置、延迟焦化装置、加氢精制以及制氢装置、催化裂化装置、连续重整等装置。企业要求通过本门课程的学习，使学生获得企业化工生产过程中压力、物位、流量、温度测量参数的基本知识；了解企业仪表和控制系统的特性、简单工作原理和正确的操作方法；使学生初步具备控制器参数整定、控制系统的投运、控制系统故障的判断处理等技能；了解电工的基本物理量、换算关系和安全用电等常识，使学生初步掌握电工基本知识和万用表的使用，并具有良好的职业素养，认同浩业企业文化，培养学生将理论运用到实践、用理论指导实践的能力，为学生将来从事工程技术工作打好基础。

2.7.2.2 课程目标

通过本课程的学习和训练，学生应该具备以下知识、能力和素质。

（1）知识目标

① 掌握企业控制流程图的图形符号，能识读企业控制流程图；

② 了解企业主要化工参数（压力、流量、物位、温度）的主要检测方法；

③ 了解企业各类主要化工仪表的原理、基本结构及使用；

④ 根据企业工艺要求，了解常见检测仪表、控制仪表的安装原则；

⑤ 了解企业集散型控制系统的组成及网络结构，掌握 DCS 画面调整方法及参数修改方法；

⑥ 了解企业控制器参数对控制质量的影响；

⑦ 掌握企业控制系统的投运步骤；

⑧ 掌握企业设备的控制方案；

⑨ 掌握电工基本知识和万用表的使用。

（2）能力目标

① 能运用控制科学理论知识解释和解决企业问题；

② 能基本识读企业控制流程图、计算机控制流程图；

③ 能正确操作企业仪表和自动化系统；

④ 能正确调整和修改企业集散控制系统画面及参数；

⑤ 能正确操作，综合分析和解决企业问题。

（3）素质目标

① 具备符合盘锦浩业化工有限公司的基本职业道德和职业素质；

② 具备质量意识、环境保护意识、节约意识，培养学生实事求是，精益求精的工匠精神；

③ 善于观察、发现和学习，能与团队成员共同协作、沟通、协商完成相关工作；

④ 具有材料整理能力；

⑤ 能够适应倒班的工作方式。

2.7.3 课题与课时分配

化工控制与电工技术课程的课题与课时分配见表 2.28。

表 2.28 化工控制及电工技术课程课题与课时分配

序号	课题名称	总课时/学时	课时分配/学时		
			理论	实践	其他
1	浩业公司化工控制的基本概述	2	2		
2	浩业公司控制流程图的认知	6	6		
3	浩业公司工业生产过程的变量检测及仪表的认知	16	8	8	
4	浩业公司计算机控制系统的认知	8	4	4	
5	浩业公司执行器及辅助仪表的认知	4	4		

序号	课题名称	总课时/学时	课时分配/学时		
			理论	实践	其他
6	浩业公司过程控制系统的认知	16	12	4	
7	浩业公司过程单元的控制方案的认知	4	4		
8	电工学的认知	12	6	6	
合计		68	56	12	

2.7.4　教学内容

课题一　浩业公司化工控制的基本概述（2学时）

过程控制的基本概念，过程控制系统的内容及过程控制仪表的分类，过程控制系统及仪表的发展（2学时）

课题二　浩业公司控制流程图的认知（6学时）

（1）控制流程图符号的认识（2学时）

（2）控制流程图的读图方法（2学时）

（3）识读计算机控制流程图（2学时）

课题三　浩业公司工业生产过程的变量检测及仪表的认知（16学时）

（1）检测与检测仪表的基本知识（2学时）

（2）压力检测仪表的测量原理及应用（4学时）

（3）液位检测仪表的测量原理及应用（3学时）

（4）流量检测仪表的测量原理及应用（3学时）

（5）温度检测仪表的测量原理及应用（4学时）

课题四　浩业公司计算机控制系统的认知（8学时）

（1）计算机控制及其发展的了解（2学时）

（2）DCS的硬件和软件构成，DCS的监控画面的应用（2学时）

（3）PLC的硬件和软件构成（2学时）

（4）SIS的硬件和软件构成（2学时）

课题五　浩业公司执行器及辅助仪表的认知（4学时）

执行器及辅助仪表工作原理、作用、种类及适用场合，判断执行器气开、气关的形式。

课题六　浩业公司过程控制系统的认知（16学时）

（1）自动控制系统的基本概念（2学时）

（2）简单自动控制系统的构成及特点（2学时）

（3）串级复杂自动控制系统的构成及特点（2学时）

（4）分程、比值、比率复杂自动控制系统的构成及特点（2学时）

（5）顺序、三冲量、多冲量复杂自动控制系统的构成及特点（2学时）

（6）控制器的参数整定方法（2学时）

（7）自动信号报警与联锁保护系统（2学时）

（8）装置开车的前期准备工作，控制系统的开车与停车，系统的故障分析、判断与处理

方法（2学时）

课题七 浩业公司过程单元的控制方案的认知（4学时）

（1）流体输送设备的控制方案（1学时）

（2）传热设备的控制方案（1学时）

（3）锅炉的液位控制方案（1学时）

（4）精馏塔的控制方案，反应器的控制方案（1学时）

课题八 电工学的认知（12学时）

（1）电工学基本理论、基本知识，电工技术的应用和发展概况（4学时）

（2）电气控制的基本知识（4学时）

（3）安全用电常识（2学时）

（4）万用表的使用（2学时）

2.7.5 考核方案

2.7.5.1 考核项目

考核项目包括：学习态度、理论知识和操作能力等方面。

2.7.5.2 考核办法

（1）项目考核 由学校老师和企业师傅在每个项目授课完成后，以笔试、实操或口答、网络等方式进行考核，将考试评价与促进学习相结合。考核完成后，即时召开学习讨论会，进行通报、分析、总结，让试点班学生知道努力的方向。

（2）期中考核 由教务处牵头或企业负责，完善考试内容，使其更加符合浩业公司培养的目标，采取多样化的考试形式对学生的综合能力进行阶段的考核。

（3）期末考核 依据教学管理办法由第三方出题进行考评。成绩报告给试点班领导小组和浩业公司人力资源部。同时进行对指导教师的三评活动。

考核实施参考见表2.29。

表2.29 化工控制与电工技术考核实施参考

考核项目	考核内容	扣分/(分/次)	考核对象
一、工作纪律	①上课期间大声喧哗或长时间与他人谈论与学习无关的事	2	试点班学生（学徒）
	②上课期间无故起哄,严重影响他人学习	2	
	③上课期间做与学习无关的事	2	
	④非合理需要,上课期间看与学习无关的资料	2	
	⑤迟到或早退无正当理由	2	
	⑥实验期间串岗、追逐嬉戏影响他人工作	2	
	⑦仪器摆放不整齐,乱	2	
	⑧由于保管不当造成学习资料、工具丢失或损坏	2	
	⑨实验区域内卫生不达标经指正无效者	2	
	⑩非学习需要,资料乱复印	2	
	⑪未经许可或借故不上课	2	
	⑫不保守企业机密	2	

续表

考核项目	考核内容	扣分/(分/次)	考核对象
二、团队合作精神	①不文明用语	2	
	②实验中,各自为政,不愿相互配合	2	
	③实验中不相互尊重	2	
	④不愿承认、承担自己在实验中的过错	2	
	⑤出现问题,强词夺理	2	
	⑥当面或背后传谣造谣、诽谤同学或老师	2	
	⑦不参加课程讨论会议、活动的	2	
	⑧欺骗老师,隐瞒操作中的失误,并造成一定的损失	2	
三、工作主动性和工作能力	①实验中,不能熟练地识别仪表	2	
	②实验中,不能熟练地对仪表或系统故障的判定	2	
	③实验中故意拖延,不按时完成	2	
	④不按规定或不分轻重缓急进行判定	2	
	⑤调校时不依照相关说明要求进行	2	
	⑥不及时做好调校记录	2	试点班学生（学徒）
	⑦调校记录模糊不清,不能清晰、准确地记录仪表数据	2	
	⑧填写的检测点数据不得涂改,否则按错误判定	2	
	⑨实验中,出现相互推诿的现象	2	
	⑩仪表文件及仪表文件记录混乱	2	
	⑪实验中,出现问题不主动反映或处理	2	
	⑫实验中,出现消极怠工	2	
	⑬实验中,不服从老师安排经劝说无效者	2	
四、工作绩效	①出现检测仪表的判定错误	4	
	②出现控制系统判定的错误	4	
	③出现电路、气路连接判定的错误	4	
	④未按操作要求出现错误	4	
五、岗位能力	①合作能力欠缺	3	
	②不能主动安排、协调和处理本职工作相关的问题	3	
	③岗位经验缺乏以至于不能及时、有效地开展本职工作	3	
	④欠缺善于发现工作中存在问题的能力	3	
	⑤欠缺举一反三的创新能力	3	
	⑥欠缺遵守本职工作有关的程序、流程、规范等的能力	3	
合计		100	
说明	当出现考核测评扣10分或以上时,需通知被扣分人班主任		

2.7.6 教学资源

2.7.6.1 实训条件

本课程的实训条件基本要求见表2.30。

表 2.30 化工控制及电工技术课程实训条件基本要求

序号	名称	基本配置要求	场地大小 /m²	功能说明
1	检测仪表实训室	三相电、排风、配套工具仪器、检测仪表、多媒体教学设备	120	教、学、做一体化
2	控制系统实训室	三相电、排风、配套工具仪器、控制仪表、控制系统、多媒体教学设备	120	教、学、做一体化
3	化工仿真实训室	三相电、排风、仿真软件、多媒体教学设备	120	教、学、做一体化

2.7.6.2 教学资源基本要求

① 化工生产过程控制类参考书籍、仪表的使用说明书若干；

② 设备操作规章制度；

③ 安全操作规程；

④ 多媒体课件、试题库、动画等教学资源；

⑤ 万方数据、超星图书等资源。

2.7.7 说明

2.7.7.1 学生学习基本要求

① 通过学校、企业的深度合作与教师、师傅的联合传授，学生具备企业要求的学习能力及组织纪律观念；

② 完成工程识图相关课程的学习和训练，具备识读浩业公司图纸的能力；

③ 使学生获得浩业公司化工生产过程中压力、物位、流量、温度测量参数基本知识；

④ 了解浩业公司过程控制仪表的特性、简单工作原理和正确的操作方法；

⑤ 使学生初步具备控制器参数整定、控制系统的投运、控制系统故障的判断处理等技能，具备企业要求的化工单元与操作的能力；

⑥ 不断学习，掌握新技术、新知识，适应企业的快速发展。

2.7.7.2 校企合作要求

① 与企业技术人员共同明确教学内容与技能要求，共同建设教材；

② 企业技术人员定期参与指导实验项目；

③ 企业技术人员负责学生技能评价；

④ 学生能够进入浩业装置进行参观学习。

2.7.7.3　实施要求

① 根据企业工作情况，教学时数可适当增减。

② 教学过程中，定期带领学生到企业参观，条件具备的情况下在企业进行现场教学；校内上课地点设在具有"教、学、做"一体化功能的自动化实训室，在企业师傅参与下，学习企业要求的技术知识和岗位操作技能，做到学以致用，调动学生学习的积极性与主动性，达到企业上岗要求。

③ 接受学院现代学徒制考核评价与督查管理。实现指导教师、企业师傅、社会多方参与的考核评价。由麦可思公司第三方评价给出权威结论，经校企共同考评合格的学徒，优先进入企业就业。

④ 丰富本课程教学资源，便于教师教学、学生学习，使教与学的过程具有交互性、共享性、开放性、协作性和自主性。建议以网络课程的形式展示，展示的内容分为课程级资源和企业级资源。课程级资源包括课程标准、课程设计、课程教学方案、教材、教案、课件、试题、师生互动等。企业级资源整合浩业公司资源，包括教学视频、动画、图片、案例等。

⑤ 教学方法建议：采用理论与实践相结合的问题中心教学方法，在讲授理论时，可以利用多媒体课件来提高教学效率，让学生多观察实际设备或动画模型及动手操作设备，以加深对课程的理解，激发学生学习的积极性，开发学生的创造性。

2.8　石油及产品分析技术课程标准

2.8.1　基本信息

石油及产品分析技术课程的基本信息见表 2.31。

表 2.31　石油及产品分析技术课程基本信息

适用车间或岗位	质检中心		
课程性质	专业基础课程	课时	34 学时
授课方式	理实一体化		
先修课程	有机化学、化工原理		

2.8.2　教学目标

2.8.2.1　企业相关要求

盘锦浩业化工有限公司质检中心，拥有国产辛烷值仪、气-质联用仪、气相色谱仪、原子吸收分光光度计、紫外可见分光光度计、自动馏程仪等大型仪器设备 140 多台（套），设备总价值近千万元。现有员工 92 名，其中我校毕业生 16 名。企业要求通过此门课程的学习，使学生（学徒）掌握质检中心典型的汽油、柴油、润滑油及石油沥青等油品各项技术指标的测定方法，并具有良好的职业素养，认同浩业企业文化，毕业即可到企业质检中心顶岗。

2.8.2.2 课程目标

通过本课程的学习和训练，现代学徒制试点班学生应该具备以下知识、能力和素质：

（1）知识目标

① 了解浩业公司原料油的化学组成；

② 掌握浩业公司产品的物理性质；

③ 熟悉浩业公司产品的质量要求；

④ 掌握浩业公司产品各项技术指标的含义；

⑤ 掌握浩业公司产品各项技术指标的测定原理；

⑥ 掌握浩业公司产品各项技术指标的测定意义；

⑦ 掌握分析结果处理、判断及评价的相关知识；

⑧ 熟悉各操作步骤的相关注意事项。

（2）能力目标

① 能正确使用浩业公司质检中心仪器设备；

② 能正确处理、分析检测数据；

③ 能撰写分析检验报告，为生产提供依据；

④ 能维护仪器设备、并处理简单故障；

⑤ 能对浩业公司质检中心仪器进行日常管理；

⑥ 能处理油品检测过程中的突发事故。

（3）素质目标

① 在油品检测过程中，培养学生环境保护意识、经济意识和安全意识；

② 在进行油品检测时，培养学生团结合作、吃苦耐劳的职业素养；

③ 在数据处理分析时，培养学生实事求是、精益求精的工匠精神；

④ 在记录分析数据时，培养学生严谨的工作作风；

⑤ 能够适应质检中心倒班的工作方式。

2.8.3 课题与课时分配

本课程的课题与课时分配见表 2.32。

表 2.32 石油及产品分析技术课程课题与课时分配

序号	课题名称	总课时/学时	课时分配/学时		
			理论	实践	其他
1	浩业公司质检中心概述	2	2		
2	油品基本理化性质的分析	8	4	4	
3	油品蒸发性能的分析	4	2	2	
4	油品低温流动性能的分析	4	2	2	
5	油品燃烧性能的分析	2	2		

续表

序号	课题名称	总课时/学时	课时分配/学时		
			理论	实践	其他
6	油品腐蚀性能的分析	6	4	2	
7	油品安定性的分析	2	2		
8	油品中杂质的分析	4	2	2	
9	沥青的分析	2	2		
合计		34	22	12	

2.8.4 教学内容

课题一 浩业公司质检中心概述（2 学时）

（1）浩业公司原料油及产品简介

（2）浩业公司质检中心的目的、任务、标准

（3）实验数据的处理

课题二 油品基本理化性质的分析（8 学时）

（1）油品密度的测定

（2）油品黏度的测定

（3）油品闪点与燃点的测定

（4）油品残炭的测定

课题三 油品蒸发性能的分析（4 学时）

（1）油品馏程的测定

（2）汽油饱和蒸气压的测定

课题四 油品低温流动性能的分析（4 学时）

（1）浊点、结晶点和冰点

（2）倾点、凝点和冷滤点

课题五 油品燃烧性能的分析（2 学时）

（1）汽油辛烷值的测定

（2）柴油十六烷值的测定

课题六 油品腐蚀性能的分析（6 学时）

（1）油品水溶性酸、碱的测定

（2）油品酸度、酸值的测定

（3）油品硫含量的测定

（4）汽油铜片腐蚀试验

课题七 油品安定性的分析（2 学时）

（1）汽油安定性的测定

（2）柴油安定性的测定

课题八　油品中杂质的分析（4学时）

（1）油品中水分的测定

（2）油品中灰分的测定

（3）油品中机械杂质的测定

课题九　沥青的分析（2学时）

（1）沥青针入度的测定

（2）沥青软化点的测定

（3）沥青延度的测定

2.8.5　考核方案

2.8.5.1　考核项目

考核项目包括：学习态度、理论知识和操作能力、团队合作精神、工作纪律、岗位能力等方面。

2.8.5.2　考核办法

（1）周考核　由学校老师和企业师傅在每周五前，将上周学习训练的内容以笔试、实操或口答、网络等方式进行考核，将考试评价与促进学习相结合。

（2）期中考核　由教务处牵头或质检中心负责，完善考试内容，使其更加符合浩业公司质检中心的目标，采取多样化的考试形式对学生的综合能力进行阶段的考核。

（3）期末考核　依据教学管理办法由第三方出题进行考评，成绩报告给试点班领导小组和浩业人力资源部，同时进行对指导教师的三评活动。

考核实施见表2.33。

表 2.33　石油及产品分析技术考核实施

考核项目	考核内容	扣分/(分/次)	考核对象
一、工作纪律	①上课期间大声喧哗或长时间与他人谈论与学习无关的事	2	试点班学生（学徒）
	②上课期间无故起哄,严重影响他人学习	2	
	③上课期间做与学习无关的事	2	
	④非合理需要,上课期间看与学习无关的资料	2	
	⑤迟到或早退无正当理由	2	
	⑥实训期间串岗、追逐嬉戏影响他人工作	2	
	⑦仪器摆放不整齐,乱	2	
	⑧由于保管不当造成学习资料、工具丢失或损坏	2	
	⑨实训区域内卫生不达标经指正无效者	2	
	⑩非学习需要,资料乱复印	2	
	⑪未经许可或借故不上课	2	
	⑫不保守化验机密	2	

考核项目	考核内容	扣分/(分/次)	考核对象
二、团队合作精神	①不文明用语	2	
	②实训时,各自为政,不愿相互配合	2	
	③实训中不相互尊重	2	
	④不愿承认、承担自己在实训中的过错	2	
	⑤出现问题,强词夺理	2	
	⑥当面或背后传谣造谣、诽谤同学或老师	2	
	⑦不参加课程讨论会议、活动的	2	
	⑧欺骗老师,隐瞒操作中的失误,并造成一定的损失	2	
三、工作主动性和工作能力	①实训中,不能熟练地实施对产品的检验	2	试点班学生(学徒)
	②实训中,不能熟练地对产品质量问题进行判定	2	
	③实训中故意拖延,不按时完成	2	
	④不按规定或不分轻重缓急进行检验	2	
	⑤检验时不依照相关文件要求进行	2	
	⑥不及时做好检验记录	2	
	⑦检验记录模糊不清,不能清晰、准确地记录质量数据	2	
	⑧不及时做好检验标识、检验状态分区混乱	2	
	⑨实训中,出现相互推诿的现象	2	
	⑩检验文件及检验文件记录混乱	2	
	⑪实训中,出现问题不主动反映或处理	2	
	⑫实训中,出现消极怠工	2	
	⑬实训中,不服从老师安排经劝说无效者	2	
四、工作绩效	①出现产品的误判	4	
	②出现产品的错检	4	
	③现产品的漏检	4	
	④出现不合格产品的放行	4	
五、岗位能力	①合作能力的欠缺	3	
	②不能主动安排、协调和处理本职工作相关的问题	3	
	③岗位经验缺乏以至于不能及时、有效地开展本职工作	3	
	④欠缺善于发现工作中存在问题的能力	3	
	⑤欠缺举一反三的创新能力	3	
	⑥欠缺遵守本职工作有关的程序、流程、规范等的能力	3	
合计		100	
说明	当出现考核测评扣10分或以上时,需通知被扣分人班主任		

2.8.6 教学资源

2.8.6.1 实训条件

本课程的实训条件基本要求见表 2.34。

表 2.34 石油及产品分析技术课程实训条件基本要求

名称	基本配置要求	场地大小/m²	功能说明
油品质量分析实训室	饱和蒸气压测定器、自动汽油氧化安定性测定器、自动闭口闪点测定器、实际胶质测定器、机械杂质测定仪、电炉法残炭测定器、电子分析天平	120	具备"教、学、做"一体化教室功能，为石油及产品分析技术课程实训教学提供条件

2.8.6.2 教学资源基本要求

① 燃料油生产工国家职业标准；

② GB 17930—2016《车用汽油》（国Ⅴ）技术要求和实验方法，GB 19147—2016《车用柴油》（国Ⅴ）技术要求和实验方法；

③ 油品质量分析仪器操作规程；

④ 多媒体课件、试题库、动画等教学资源；

⑤ 课程相关的图书资料。

2.8.7 说明

2.8.7.1 学生学习基本要求

① 具备基本的化学分析、色谱分析、电化学分析、光化学分析和油品分析等化学基础知识和分析相关知识，通过训练达到质检中心上岗要求；

② 借助仪器操作手册或相关培训后，能熟悉仪器性能和使用方法，按照操作规程安全使用新型仪器；

③ 认真按频率取样分析，保证分析数据的准确性，按浩业公司保密要求，真实填写（用仿宋体）分析报表；

④ 不断学习，掌握新技术、新知识，适应质检中心的快速发展。

2.8.7.2 校企合作要求

① 与质检中心技术人员共同确定岗位标准，明确教学内容，共同建设教材；

② 质检中心技术人员定期参与指导实训项目；

③ 质检中心技术人员负责学生技能评价；

④ 学生能够进入质检中心进行参观学习；

⑤ 学院实训室与质检中心遴选一到两个项目，质检中心提供样品共同测定，对比检验报告单结果，检测学生能力；

⑥ 学习成绩优异的学生免试进入质检中心就业。

2.8.7.3 实施要求

① 根据质检中心工作情况，教学时数可适当增减。

② 教学过程中，定期带领学生到质检中心参观，条件具备的情况下在质检中心进行现场教学；校内上课地点设在具有"教、学、做"一体化功能的油品质量分析实训室，在质检中心师傅参与下，融入"燃料油生产工"国家职业资格标准，学习与质检中心相匹配的技术知识和岗位操作技能，做到学以致用，调动学生学习的积极性与主动性，达到质检中心上岗要求。

③ 在教学中期，开展学生与质检中心油品青年员工擂台赛，企业提高了员工的技术水平，学校促进了教学质量的提升，力求能使试点班学生（学徒）熟悉相关管理制度、产品质量标准、劳动纪律和生产安全知识，建立起一种共同的信念，达成一致的价值观，具备爱岗敬业、诚实守信、勤奋工作的工匠精神。

④ 积极鼓励试点班学生（学徒）以双身份参加"燃料油生产工""工业分析检验""现代化工 HSE"竞赛。其成绩可代替本课程成绩。

⑤ 接受学院现代学徒制考核评价与督查管理。实现指导教师、企业师傅、社会多方参与的考核评价。由麦可思公司第三方评价给出权威结论，经校企共同考评合格的学徒，优先进入质检中心就业。

⑥ 丰富本课程教学资源，便于教师教学、学生学习，使教与学的过程具有交互性、共享性、开放性、协作性和自主性。建议以网络课程的形式展示，展示的内容分为课程级资源和企业级资源。课程级资源包括课程标准、课程设计、课程教学方案、教材、教案、课件、试题、师生互动等。企业级资源整合浩业公司资源，包括教学视频、动画、图片、案例等。

2.9 化工安全技术课程标准

2.9.1 基本信息

化工安全技术课程的基本信息见表 2.35。

表 2.35 化工安全技术课程基本信息

适用车间或岗位	全厂各生产部门		
课程性质	专业核心课程	课时	30 学时
授课方式	理实一体化		
先修课程	基础化学、化工原理		

2.9.2 教学目标

2.9.2.1 企业相关要求

盘锦浩业化工有限公司主要以石油化工产品加工生产为主，主要生产车间有原油处理车间、加氢裂化车间、焦化车间、催化裂化车间、连续重整车间等。原料及产品均具有危险特性，因此在生产操作过程中，要严格贯彻安全生产方针，做到安全第一、预防为主、综合治理。

企业要求通过本门课程的学习，使学生（学徒）了解企业的安全管理及生产制度、会使用个体防护设备、清楚检维修过程中的操作流程，并且培养良好的素养，成为有担当、有责任的化工操作人员。

2.9.2.2　课程目标

通过本课程的学习和训练，现代学徒制试点班学生应该具备以下知识、能力和素质：

（1）知识目标

① 了解浩业公司安全管理制度；

② 了解浩业公司安全生产规程；

③ 掌握个体防护设备的工作原理及使用；

④ 掌握检维修操作的申请-审批-工作流程；

⑤ 掌握浩业公司各生产装置原料及产品的危险特性。

（2）能力目标

① 能独立完成个体防护设备的使用；

② 能判断危险化学品的特性；

③ 能采取正确的措施处理突发的安全问题；

④ 能遵守安全生产的各项要求。

（3）素质目标

① 培养学生环境保护意识、经济意识和安全意识；

② 培养学生团结合作、吃苦耐劳的职业素养；

③ 培养学生实事求是、精益求精的工匠精神；

④ 培养学生严谨的工作作风；

⑤ 能够适应大化工生产的工作方式。

2.9.3　课题与课时分配

本课程的课题与课时分配见表2.36。

表 2.36　化工安全技术课程课题与课时分配

序号	课题名称	总课时/学时	课时分配/学时		
			理论	实践	其他
1	基本安全知识	4	4		
2	基础安全防护	8		8	
3	工艺安全防护	10	4	6	
4	安全生产模拟训练	6		6	
5	综合考核	2	1	1	
	合计	30	9	21	

2.9.4 教学内容

课题一 基本安全知识（4学时）

（1）化工生产的特点，化工安全管理的基础（2学时）

（2）安全色的学习，安全标志的学习（2学时）

课题二 基础安全防护（8学时）

（1）个人防护装备的认识，安全绳的穿戴（2学时）

（2）正压式空气呼吸器的学习及使用（2学时）

（3）防火防爆基本知识，灭火器的认识与操作（2学时）

（4）心肺复苏应急抢救（2学时）

课题三 工艺安全防护（10学时）

（1）危险化学品安全，典型生产装置有毒有害物质的了解（2学时）

（2）生产装置的安全运行（2学时）

（3）检修施工作业安全——检修作业，票据齐全（2学时）

（4）职业卫生（2学时）

（5）工伤保险（2学时）

课题四 安全生产模拟训练（6学时）

（1）熟悉实训装置、工艺流程、设备、操作方法（1学时）

（2）分组进行练习（5学时）

课题五 综合考核（2学时）

（1）操作考核（1学时）

（2）笔试考核（1学时）

2.9.5 考核方案

2.9.5.1 考核项目

考核方式采用技能项目考核、理论项目考核、综合考核相结合的考核模式。技能项目考核包括：安全绳的使用、正压式空气呼吸器的使用、灭火器的使用、检维修模拟操作、应急演练操作五部分；理论项目考核包括基本安全知识、基础防护知识、工艺安全防护三部分；课程综合考核为依照浩业公司安全生产要求，模拟安全生产比赛（包括操作比赛和理论比赛两部分）和应急处理比赛。

2.9.5.2 考核办法

（1）技能项目考核 每个技能项目课程授课结束之后便进行实际练习及考核，要求学生（学徒）将操作视频或图片上传至网络课程，保存并作为评分依据。

同时利用网络工具，或者自习时间对考核中的问题进行反馈。

（2）理论项目考核 利用信息化手段、网络资源，对理论知识进行测试考核，根据课时安排可组织知识竞赛、知识抢答等活动。

（3）课程综合考核 课程结束后，借鉴企业化工安全生产比赛的模式，开展竞赛活动，以操作、理论、应急处理相结合的方式进行。

本课程的考核参考见表 2.37。

表 2.37　化工安全技术考核参考

考核项目	考核内容	分值/分	考核对象
一、技能项目考核	①安全绳的使用	10	试点班学生（学徒）
	②正压式空气呼吸器的使用	10	
	③灭火器的使用	10	
	④检维修模拟操作	10	
	⑤应急演练操作	10	
二、理论项目考核	①基本安全知识	10	
	②基础防护知识	10	
	③工艺安全防护	10	
三、课程综合考核	①操作比赛	5	
	②理论比赛	5	
	③应急处理比赛	10	
合计		100	
说明	若由于特殊原因错过考核，可申请补考；应急处理比赛为团队配合完成		

2.9.6　教学资源

2.9.6.1　实训条件

本课程的实训条件基本要求见表 2.38。

表 2.38　石油及产品分析技术课程实训条件基本要求

序号	名称	基本配置要求	场地大小/m²	功能说明
1	多媒体教室	配备多媒体设备,配有数量充足的学习设施	80	可完成日常的教学活动
2	HSE 体验馆	配有个体防护设备	80	可进行心肺复苏、检维修作业等操作
3	应急演练实训室	配有多功能应急演练实训装置	100	可进行应急处理的训练及考核

2.9.6.2　教学资源基本要求

① 国家安全生产法律法规；

② 浩业公司安全生产管理制度；

③ 多媒体课件、试题库、动画等教学资源；

④ 课程相关的图书资料。

2.9.7 说明

2.9.7.1 学生学习基本要求

① 掌握安全生产法律法规，掌握浩业公司安全生产管理制度，通过学习可达到安全上岗操作的要求；

② 掌握个体防护设备的工作原理及使用；

③ 掌握危险化学品的理化特性，会区分、判断危化品，会妥善处理危化品泄漏、喷溅等突发事故；

④ 通过练习，掌握生产装置突发事故的一般处理原则；

⑤ 不断学习，掌握新技术、新知识，适应连续重整工艺的快速发展。

2.9.7.2 校企合作要求

① 与浩业公司安全管理技术人员共同确定教学内容，共同建设教材；

② 浩业公司安全管理技术人员定期参与指导实训项目；

③ 浩业公司安全管理技术人员负责学生技能、理论评价；

④ 学生能够进入浩业公司生产车间进行参观学习；

⑤ 学习成绩优异的学生作为选手，代表企业参加化工安全生产比赛。

2.9.7.3 实施要求

① 在保证理论教学内容完成的情况下，适当增加团队操作配合练习。

② 教学过程中，定期带领学生到浩业公司生产车间参观，条件具备的情况下在装置现场进行现场教学。

③ 在教学过程中，使学生（学徒）熟悉浩业化工相关管理制度、产品质量标准、劳动纪律和生产安全知识，建立起一种共同的信念，达成一致的价值观，具备爱岗敬业、诚实守信、勤奋工作的工匠精神。

④ 积极鼓励试点班学生（学徒）以双身份参加"化工安全技术技能竞赛""现代化工HSE竞赛"等。

⑤ 接受学院现代学徒制考核评价与督查管理。实现指导教师、企业师傅、社会多方参与的考核评价。由麦可思公司第三方评价给出权威结论，经校企共同考评合格的学徒，优先作为选手代表企业参加化工安全生产比赛。

⑥ 丰富本课程教学资源，便于教师教学、学生学习，使教与学的过程具有交互性、共享性、开放性、协作性和自主性。建议以网络课程的形式展示，展示的内容分为课程级资源和企业级资源。课程级资源包括课程标准、课程设计、课程教学方案、教材、教案、课件、试题、师生互动等。企业级资源整合浩业公司资源，包括教学视频、动画、图片、案例等。

2.10 300万吨/年浩业常减压蒸馏工艺课程标准

2.10.1 基本信息

300万吨/年浩业常减压蒸馏工艺课程基本信息见表2.39。

表 2.39　300 万吨/年浩业常减压蒸馏工艺课程基本信息

适用车间或岗位	原料预处理车间（常减压蒸馏车间）		
课程性质	专业核心课程	课时	24 学时
授课方式	理实一体化		
先修课程	有机化学、化工原理		

2.10.2　教学目标

2.10.2.1　企业相关要求

盘锦浩业化工有限公司原料预处理车间拥有 100 万吨/年常减压蒸馏工艺和 300 万吨/年常减压蒸馏工艺各一套。车间设有常压岗和减压岗，人员包括常压内操工和外操工，减压内操工和外操工。目前原料预处理车间有员工 60 人，我校毕业生占其中的 1/4。企业要求通过此门课程的学习，使学徒掌握 300 万吨/年浩业常减压蒸馏工艺的基本原理、工艺及主要设备和主要操作技术，在学习的过程中注重对车间管理制度的渗透，具有良好的职业素养，认同浩业企业文化。能掌握车间日常工作要点的学生，毕业即可到 300 万吨/年原料预处理车间进行顶岗。

2.10.2.2　课程目标

经与企业深入交流，通过本课程的学习和训练，现代学徒制试点班学生应该具备以下知识、能力和素质：

（1）知识目标

① 认识电脱盐设备、常压蒸馏设备、减压蒸馏设备及柴油精制设备；

② 掌握采用电脱盐进行预处理的原因和原理，并掌握电脱盐工艺流程；

③ 掌握常压蒸馏工艺流程；

④ 掌握减压蒸馏工艺流程；

⑤ 掌握柴油精制工艺流程；

⑥ 掌握各岗位日常工作内容。

（2）能力目标

① 能说清电脱盐罐的构造及作用；

② 能说清常压蒸馏塔构造、作用、工艺特点和设置初馏塔的原因，并说清汽提的作用与方式；

③ 能说清减压塔的结构、作用和工艺特点及蒸汽喷射器，液环真空泵的结构、作用和工作原理；

④ 能讲清各岗位的控制目标及控制方法；

⑤ 读懂常减压蒸馏带控制点工艺流程图；

⑥ 能绘制常减压蒸馏岗位流程图；

⑦ 能在仿真软件上依据操作规程进行 DCS 操作。

（3）素质目标

① 在学习的全过程中，培养学生勤于思考、敢于创新的意识；

② 在教学过程中，培养学生树立安全生产、精益生产、节能增效的意识；

③ 在绘制流程图的教学过程中，培养学生认真严谨的职业态度；

④ 在上机操作过程中，培养学生系统思维、团结互助的职业素养。

2.10.3 课题与课时分配

300万吨/年浩业常减压蒸馏工艺课程的课题与课时分配见表2.40。

表 2.40 300万吨/年浩业常减压蒸馏工艺课程课题与课时分配

序号	课题名称	总课时/学时	课时分配/学时		
			理论	实践	其他
1	300万吨/年浩业常减压蒸馏工艺概述	2	2		
2	原油预处理	4	4		
3	原油常减压蒸馏操作	18	12	6	
	合计	24	18	6	

2.10.4 教学内容

课题一 300万吨/年浩业常减压蒸馏工艺概述（2学时）

（1）生产装置组成及工艺流程（1学时）

① 加工原油性质；

② 生产装置单元组成；

③ 三段汽化工艺流程。

（2）认识现场生产装置（0.5学时）

（3）绘制工艺流程框图（0.5学时）

课题二 原油预处理（4学时）

（1）原油预处理的必要性（1学时）

① 腐蚀特性；

② 腐蚀部位；

③ 防腐措施——"一脱三注"。

（2）电脱盐的基本原理（0.5学时）

（3）电脱盐设备构造（1学时）

① 电脱盐罐；

② 防爆高阻抗变压器；

③ 混合设施。

（4）脱盐岗的正常操作（1.5学时）

① 影响脱盐效果的因素；

② 电脱盐界面的调节；

③ 现场配剂操作过程。

课题三 原油常减压蒸馏操作（18学时）

（1）常压蒸馏操作（6学时）

① 初馏塔作用；

② 常压部分工艺流程；

③ 常压塔的工艺特点；

④ 常压蒸馏设备构造及作用；

⑤ 常压蒸馏操作影响因素分析；

⑥ 电精制操作的作用。

（2）减压蒸馏操作（6学时）

① 减压塔的特点；

② 减压部分工艺流程；

③ 减压蒸馏设备构造及作用；

④ 减压蒸馏操作影响因素的分析并确定操作条件；

⑤ 减压蒸馏操作参数的控制与调节。

（3）常减压蒸馏装置——冷态开车仿真操作（6学时）

2.10.5 考核方案

2.10.5.1 考核项目

考核项目包括：学习态度、理论知识和操作能力、团队合作精神、工作纪律、岗位能力等方面。

2.10.5.2 考核办法

（1）周考核 由学校老师和企业师傅在每周五前，对上周的学习训练内容以笔试、实操或口答、网络等方式进行考核，将考试评价与促进学习相结合。考核完成后，即时召开本周学习讨论会，进行通报、分析、总结，让试点班学生知道努力的目标。

（2）期末考核 依据教学管理办法由第三方出题进行考评。成绩报告给试点班领导小组和浩业公司人力资源部。同时进行对指导教师的三评活动。

考核实施参考见表2.41。

表2.41 300万吨/年浩业常减压蒸馏工艺考核实施参考

考核项目	考核内容	扣分/(分/次)	考核对象
一、工作纪律	①上课期间大声喧哗或长时间与他人谈论与学习无关的事	2	试点班学生（学徒）
	②上课期间无故起哄,严重影响他人学习	2	
	③上课期间做与学习无关的事	2	
	④非合理需要,上课期间看与学习无关的资料	2	
	⑤未经许可或借故不上课	2	
	⑥无正当理由迟到或早退	2	
	⑦由于保管不当造成学习资料、工具丢失或损坏	2	
	⑧学习、实训区域内卫生不达标经指正无效者	2	
	⑨实训期间串岗、追逐嬉戏影响他人工作	2	
	⑩到车间进行参观学习时衣着不整,安全帽佩戴不规范	2	
	⑪未经许可搬弄实习现场装置设备	5	

续表

考核项目	考核内容	扣分/(分/次)	考核对象
二、团队 合作精神	①不使用文明用语	3	
	②不参加课程讨论会议、活动的	3	
	③实训中,各自为政,不愿相互配合	3	
	④实训中不相互尊重	3	
	⑤不愿承认、承担自己在实训中的过错	5	
	⑥当面或背后传谣造谣、诽谤同学或老师	5	
三、工作 主动性和工 作能力	①在查现场流程时散漫,在限定时间内没有完成查找任务	3	试点班学生 (学徒)
	②多次练习后,仍不清楚师傅提出的关键问题的	3	
	③实训中故意拖延,不按时完成	3	
	④巡检时不依照相关文件要求进行	3	
	⑤不及时做好巡检记录	3	
	⑥工作记录模糊不清,不能清晰、准确地记录巡检数据	3	
	⑦实训中,出现相互推诿的现象	3	
	⑧实训中,不服从老师安排经劝说无效者	3	
	⑨伪造巡检记录	5	
四、岗位 能力	①欠缺合作能力	4	
	②不能主动安排、协调和处理本职工作相关的问题	4	
	③岗位经验缺乏以至于不能及时、有效地开展本职工作	4	
	④欠缺善于发现工作中存在问题的能力	4	
	⑤欠缺举一反三的创新能力	4	
	⑥欠缺遵守本职工作有关的程序、流程、规范等的能力	4	
合计		100	
说明	当出现考核测评扣10分或以上时,需通知被扣分人班主任		

2.10.6　教学资源

2.10.6.1　实训条件

本课程的实训条件基本要求见表2.42。

表 2.42　300万吨/年浩业常减压蒸馏工艺课程实训条件基本要求

名称	基本配置要求	场地大小/m²	功能说明
仿真实训室	50台计算机,多媒体设备	100	具备"教、学、做"一体化教室功能,可以进行常减压蒸馏装置冷态开车和正常调节

2.10.6.2　教学资源基本要求

① 多媒体课件、试题库、动画等教学资源;

② 万方数据、超星图书等资源;

③ 课程相关的图书资料；

④ 企业所提供 300 万吨/年常减压蒸馏装置操作规程。

2.10.7 相关说明

2.10.7.1 学生学习基本要求

① 具备基本的设备、仪表、油品分析等相关知识，通过训练达到岗位上岗要求；

② 借助岗位操作规程或相关培训后，能熟悉设备性能和使用方法；

③ 能够认同企业文化，服从 6S 管理，具有较强的组织纪律观念；

④ 不断学习，掌握新技术、新知识，适应常减压蒸馏工艺的快速发展。

2.10.7.2 校企合作要求

① 与原料预处理车间技术人员共同确定岗位标准，明确教学内容，共同建设教材；

② 原料预处理车间技术人员定期参与指导实训项目；

③ 原料预处理车间人员负责学生技能评价；

④ 学生能够进入原料预处理车间进行参观学习；

⑤ 企业技术人员参与课程教学，及时提供企业对所在车间的整改项目，实现师徒制教学的跟进；

⑥ 学习成绩优异的学生免试进入原料预处理车间就业。

2.10.7.3 实施要求

① 根据原料预处理车间的工作情况，教学时数可适当增减。

② 教学过程中，定期带领学生到原料预处理车间参观，条件具备的情况下在可进行现场教学；校内上课地点设在具有"教、学、做"一体化功能的多媒体实训室，调动学生学习的积极性与主动性，达到顶岗要求。

③ 在教学中期，力求能使试点班学生（学徒）熟悉相关管理制度、产品质量标准、劳动纪律和生产安全知识，建立起一种共同的信念，达成一致的价值观，具备爱岗敬业、诚实守信、勤奋工作的工匠精神。

④ 积极鼓励试点班学生（学徒）以双身份参加"化工总控工竞赛""现代化工 HSE 竞赛"。其成绩可代替本课程成绩。

⑤ 接受学院现代学徒制考核评价与督查管理。实现指导教师、企业师傅、社会多方参与的考核评价。由麦可思公司第三方评价给出权威结论，经校企共同考评合格的学徒，优先进入原料预处理车间工作。

⑥ 丰富本课程教学资源，便于教师教学、学生学习，使教与学的过程具有交互性、共享性、开放性、协作性和自主性。建议以网络课程的形式展示，展示的内容分为课程级资源和企业级资源。课程级资源包括课程标准、课程设计、课程教学方案、教材、教案、课件、试题、师生互动等。企业级资源整合浩业公司资源，包括教学视频、动画、图片、案例等。

2.11 40万吨/年浩业深度加氢工艺课程标准

2.11.1 基本信息

40万吨/年浩业深度加氢工艺课程的基本信息见表2.43。

表 2.43 40万吨/年浩业深度加氢工艺课程基本信息

适用车间或岗位	深度加氢车间		
课程性质	专业核心课程	课时	12学时
授课方式	理论教学		
先修课程	化工原理、石油及产品分析技术、常减压蒸馏工艺		

2.11.2 教学目标

2.11.2.1 企业相关要求

盘锦浩业化工有限公司加氢车间拥有两套装置，分别为70万吨/年汽油加氢装置和40万吨/年加氢深度精制装置。盘锦浩业加氢装置主要是对其他二次加工装置生产出来的汽油、柴油以及蜡油进行精制和改质，从而提高这些油品的使用性能。目前加氢装置生产的油品可实现直接出厂销售。

盘锦浩业加氢装置主要分为反应工段及分馏工段，其中反应工段为高压区。现有员工60名，其中我校毕业生35名，分为内操、外操及班长三个岗位。企业要求通过此门课程的学习，使学生（学徒）掌握加氢装置的工艺流程，熟悉离心泵、压缩机、塔等主要设备的操作方法；并具有良好的职业素养，认同浩业企业文化，毕业即可到企业加氢车间顶岗。

2.11.2.2 课程目标

通过本课程的学习和训练，学生应该具备以下知识、能力和素质：

（1）知识目标

① 了解加氢工艺的基本原理；

② 了解加氢工艺的原料及产品特点；

③ 掌握深度加氢的工艺流程；

④ 熟悉加氢工艺相关设备的工作原理及操作方法。

（2）能力目标

① 能独立完成外操岗的检查加氢工艺流程及日常巡检任务；

② 会操作装置中的泵、压缩机等常见动设备；

③ 能绘制加氢工艺流程简图；

④ 能识读加氢工艺带控制点流程图；

⑤ 会依据操作规程与团队配合完成加氢装置的正常操作。

（3）素质目标

① 培养学生吃苦耐劳的职业素养，能够适应加氢车间倒班的工作方式；

② 培养学生环境保护意识、经济意识和安全意识；

③ 培养学生团队合作意识，能与班组成员合作完成生产任务。

2.11.3 课题与课时分配

本课程的课题与课时分配见表2.44。

表2.44 40万吨/年浩业深度加氢工艺课程课题与课时分配

序号	课题名称	总课时/学时	课时分配/学时		
			理论	实践	其他
1	加氢工艺概述	1	1		
2	浩业加氢工艺的原料及相关设备	1	1		
3	加氢反应原理及催化剂特点	2	2		
4	深度加氢工艺反应岗位流程	4	3		1
5	深度加氢工艺分馏岗位流程	2	2		
6	深度加氢工艺岗位操作	2	1		1
	合计	12	10		2

2.11.4 教学内容

课题一 加氢工艺概述（1学时）

（1）加氢装置的发展

（2）浩业加氢装置现状

课题二 浩业加氢工艺的原料及相关设备（1学时）

（1）加氢装置的原料及特点

（2）加氢工艺主要设备介绍

课题三 加氢反应原理及催化剂特点（2学时）

（1）加氢反应原理

（2）加氢催化剂

课题四 深度加氢工艺反应岗位流程（4学时）

（1）反应岗工艺流程

（2）主要设备

（3）反应岗带控制点流程图

课题五 深度加氢工艺分馏岗位流程（2学时）

（1）分馏岗原则流程

（2）主要设备

（3）分馏岗带控制点流程图

课题六 深度加氢工艺岗位操作（2学时）

（1）反应系统操作原则、操作因素分析及典型操作

（2）分馏系统操作原则、操作因素分析及典型操作

2.11.5　考核方案

2.11.5.1　考核项目

本课程的考核项目见表 2.45。

表 2.45　40 万吨/年浩业深度加氢工艺课程考核项目

序号	类型	考核内容、形式		权重	
1	项目测评	加氢反应部分流程图	开卷	25%	50%
		加氢分馏部分流程图	开卷	25%	
		深度加氢工艺测验	闭卷	50%	
2	操作考核	加氢裂化分馏部分	装置仿真操作	100%	10%
3	学习态度	纪律	考勤	30%	40%
		课上表现	提问	30%	
		作业（任务单）	批改	40%	
4	总计	100 分			

2.11.5.2　考核办法

（1）日常考核　考核实施参考见表 2.46。

表 2.46　40 万吨/年浩业深度加氢工艺考核实施参考

考核项目	考核内容	赋分/(分/次)	考核对象
一、出勤 （满分 10 分）	①迟到或早退无正当理由	−2	
	②无故缺勤	−2	
二、课上表现（基础分 10 分,满分 20 分）	①课上回答问题,回答正确(老师点名)	+1	
	②课上回答问题,回答基本正确(老师点名)	+0.5	
	③课上主动回答问题,回答正确	+2	
	④课上主动回答问题,回答基本正确	+1	
三、工作纪律（满分 20 分）	①上课期间大声喧哗或长时间与他人谈论与学习无关的事	−2	试点班学生 （学徒）
	②上课期间无故起哄,严重影响他人学习	−2	
	③上课期间做与学习无关的事	−2	
	④非合理需要,上课期间看与学习无关的资料	−2	
	⑤非学习需要,资料乱复印	−2	
四、作业（基础分 16 分,满分 30 分）	①无故不交作业	−3	
	②作业内容不完整或错误率一半以上。	−2	
	③作业内容有独到见解,且内容有理有据,内容全面	+4	
	④作业内容有自己独立的分析,内容比较完整	+3	
五、团队合作精神（满分 20 分）	①不文明用语	−2	
	②团队合作中不相互尊重	−2	
	③出现问题,强词夺理	−2	
	④当面或背后传谣造谣、诽谤同学或老师	−2	
	⑤不参加课程讨论活动	−2	
说明	当出现考核测评扣 10 分或以上时,需通知被扣分人班主任		

（2）阶段考核　学习内容以笔试或口答、网络等方式进行考核，将考试评价与促进学习相结合。考核完成后，即时召开学习讨论会，进行通报、分析、总结，让试点班学生知道努力的目标，实现阶段考核学生的综合能力。

2.11.6　教学资源

2.11.6.1　实训条件

本课程的实训条件基本要求见表 2.47。

表 2.47　40 万吨/年浩业深度加氢工艺课程实训条件基本要求

名称	基本配置要求	场地大小/m²	功能说明
浩业深度加氢仿真软件	能够模拟浩业加氢装置进行仿真开停车操作及工艺参数调节	70	具备"教、学、做"一体化教室功能，为加氢工艺教学提供条件

2.11.6.2　教学资源基本要求

① 浩业 40 万吨/年加氢深度精制装置操作规程；

② 浩业 40 万吨/年加氢深度精制装置工艺流程图；

③ 浩业 70 万吨/年汽油加氢装置操作规程；

④ 浩业 70 万吨/年汽油加氢装置工艺流程图。

2.11.7　说明

2.11.7.1　学生学习基本要求

① 掌握加氢原料和产品特点、加氢工艺流程、加氢相关设备操作知识，达到深度加氢车间要求；

② 认真学习操作规程，并熟悉基本的参数调节方法，控制方法；

③ 不断学习，掌握新技术、新知识，适应深度加氢车间的快速发展。

2.11.7.2　校企合作要求

① 与深度加氢车间技术人员共同确定岗位标准，明确教学内容，共同建设教材；

② 深度加氢车间技术人员负责学生技能评价；

③ 学生能够深入加氢车间进行参观学习；

④ 与深度加氢车间技术人员一起研究过程考核方式及内容，把实际生产中的案例纳入过程考核，检测学生能力；

⑤ 学习成绩优异的学生免试进入深度加氢车间就业。

2.11.7.3　实施要求

① 根据深度加氢车间工作情况，教学时数可适当增减。

② 教学过程中，上课地点设在具有"教、学、做"一体化功能的多媒体机房，在深度加氢车间师傅的参与下，学习与加氢车间相匹配的技术知识和操作技能，学以致用，达到加氢车间上岗要求。同时教学过程中，注重融入企业文化，力求使试点班学生（学徒）熟悉相关管理制度、劳动纪律和安全知识，具备工匠精神。

③ 积极鼓励试点班学生（学徒）以双重身份参加"燃料油生产工竞赛""工业分析检验竞赛""现代化工 HSE 竞赛"。其成绩可代替本课程成绩。

④ 接受学院现代学徒制考核评价与督查管理。实现指导教师、企业师傅、社会多方参与的考核评价。由麦可思公司第三方评价给出权威结论，经校企共同考评合格的学徒，优先进入深度加氢车间就业。

⑤ 丰富本课程教学资源，便于教师教学、学生学习，使教与学的过程具有交互性、共享性、开放性、协作性和自主性。建议以网络课程的形式展示，展示的内容分为课程级资源和企业级资源。课程级资源包括课程标准、课程设计、课程教学方案、教材、教案、课件、试题、师生互动等。企业级资源整合浩业公司资源，包括教学视频、动画、图片、案例等。

2.12 120 万吨/年浩业连续重整工艺课程标准

2.12.1 基本信息

120 万吨/年浩业连续重整工艺课程的基本信息见表 2.48。

表 2.48 120 万吨/年浩业连续重整工艺课程基本信息

适用车间或岗位	连续重整车间		
课程性质	专业核心课程	课时	18 学时
授课方式	理实一体化		
先修课程	有机化学、化工原理		

2.12.2 教学目标

2.12.2.1 企业相关要求

盘锦浩业连续重整工艺（120 万吨/年）以石脑油为原料，通过临氢催化剂反应生成富含芳烃的重整生成油，同时副产氢气和液化石油气。该装置采用法国石油研究院（IFP）研发的工艺，共包括预加氢反应、重整反应、异构化反应、芳烃抽提、机组保障五大部分。原料石脑油依次通过预加氢反应以脱除原料杂质、四台平行排列重整反应器以得到混合产物或高辛烷值汽油组分（催化剂循环再生）、异构化反应器以转化得到芳烃、芳烃分离最终得到质量合格的 $C_6 \sim C_8$ 芳烃作为石化行业的基本原料，副产的氢气可作为加氢工艺的氢源以及清洁能源使用。随着全球运输燃料需求的增长和全球环境法规、条例趋于严格，连续重整工艺已成为当今炼油工业生产清洁燃料和石油化工基础原料必不可少的加工工艺之一。

企业要求通过此门课程的学习，使学生（学徒）掌握连续重整的工艺原理、典型工艺设备、安全操作规范等知识，为从学生（学徒）向合格操作员的转变打下坚实的理论基础，并且具有良好的职业素养，了解浩业文化，培养工匠精神。

2.12.2.2 课程目标

通过本课程的学习和训练，现代学徒制试点班学生应该具备以下知识、能力和素质：

（1）知识目标

① 了解浩业化工连续重整装置的基本概况；

② 掌握浩业化工连续重整装置原料及产品的物理化学性质；

③ 掌握浩业化工连续重整装置的工艺原理；

④ 掌握浩业化工连续重整装置的安全生产规范。

（2）能力目标

① 能识读连续重整装置的 PID 图、PFD 图；

② 能叙述各典型设备的操作原理；

③ 能根据各反应器的反应类型分析影响产品质量的因素；

④ 能熟练进行连续重整工艺仿真操作。

（3）素质目标

① 培养学生环境保护意识、经济意识和安全意识；

② 培养学生团结合作、吃苦耐劳的职业素养；

③ 培养学生实事求是，精益求精的工匠精神；

④ 培养学生严谨的工作作风；

⑤ 能够适应大化工生产的工作方式。

2.12.3 课题与课时分配

本课程的课题与课时分配见表 2.49。

表 2.49 120 万吨/年浩业连续重整工艺课程课题与课时分配

序号	课题名称	总课时/学时	课时分配/学时		
			理论	实践	其他
1	连续重整工艺简介	2	2		
2	原料预处理	4	4		
3	重整反应及其影响因素	4	4		
4	连续重整工艺过程	4	2	2	
5	芳烃抽提工艺	2	2		
6	安全生产及环境保护	2	1	1	
	合计	18	15	3	

2.12.4 教学内容

课题一　连续重整工艺简介（2 学时）

（1）连续重整装置的组成（1 学时）

（2）连续重整工艺产品的应用（1 学时）

课题二　原料预处理（4 学时）

（1）重整原料的来源及特性（1 学时）

（2）重整原料馏程及杂质的控制（1 学时）

（3）原料预处理装置的构成（1 学时）

（4）加氢精制过程（1学时）

课题三　重整反应及其影响因素（4学时）

（1）连续重整基本反应（1学时）

（2）影响连续重整反应的因素（2学时）

（3）连续重整催化剂（1学时）

课题四　连续重整工艺过程（4学时）

（1）IFP连续重整工艺的特点及比较（2学时）

（2）IFP连续重整工艺仿真操作（2学时）

课题五　芳烃抽提工艺（2学时）

（1）芳烃抽提工艺原理（1学时）

（2）芳烃抽提工艺的影响因素（1学时）

课题六　安全生产及环境保护（2学时）

浩业化工连续重整装置的安全生产规定（2学时）

2.12.5　考核方案

2.12.5.1　考核项目

考核方式采用随堂过程考核、课程综合考核相结合的考核模式。过程考核项目包括：装置组成及产品应用、原料来源及预处理、主要化学反应、催化重整工艺、工艺影响因素、重整催化剂、IFP连续重整、芳烃抽提工艺、安全生产九部分。课程综合考核为浩业化工连续重整工艺试题。

2.12.5.2　考核办法

（1）过程考核　在每个课程环节结束之后，即进行随堂的考核，客观题以网络在线测试为主，主观题以笔试为主，试题类型为浩业化工连续重整车间提供。

同时利用网络工具，或者自习时间对考核中的问题进行反馈。

（2）综合考核　课程完成之后，要对学生（学徒）进行课程综合考核，考核主体为企业，考核方式有多种，建议以具体工艺原理分析为主，笔试、仿真、流程等相结合的方式。考核参考见表2.50。

表2.50　120万吨/年浩业连续重整工艺考核参考

考核项目	考核内容	分值/分	考核对象
一、过程考核	①装置组成及产品应用	10	试点班学生（学徒）
	②原料来源及预处理	10	
	③主要化学反应	10	
	④催化重整工艺	10	
	⑤工艺影响因素	10	
	⑥重整催化剂	10	
	⑦IFP连续重整	10	
	⑧芳烃抽提工艺	10	
	⑨安全生产	10	

续表

考核项目	考核内容	分值/分	考核对象
二、综合考核	①仿真测试	2	试点班学生（学徒）
	②流程测试	2	
	③工艺分析能力测试	2	
	④典型设备原理测试	2	
	⑤企业顶岗试题	2	
合计		100	
说明	若由于特殊原因错过考核,可申请补考		

2.12.6 教学资源

2.12.6.1 实训条件

本课程的实训条件基本要求见表2.51。

表 2.51　120 万吨/年浩业连续重整工艺课程实训条件基本要求

序号	名称	基本配置要求	场地大小/m²	功能说明
1	多媒体教室	配备多媒体设备,配有数量充足的学习设施	80	可完成日常的教学活动
2	连续重整工艺仿真实训室	配备50台计算机及1套多媒体屏幕显示设备	120	可进行仿真操作练习

2.12.6.2 教学资源基本要求

① 连续重整工艺原理说明;
② 浩业化工连续重整装置操作规程;
③ 多媒体课件、试题库、动画等教学资源;
④ 课程相关的图书资料。

2.12.7 说明

2.12.7.1 学生学习基本要求

① 掌握连续重整工艺原理,掌握典型设备操作原理,通过学习可达到连续重整车间上岗要求;
② 掌握浩业化工连续重整装置的工艺流程,能够识图、说图、绘图;
③ 掌握连续重整生产过程中工艺参数的变化规律,通过仿真练习,具有初步调节的能力;
④ 不断学习,掌握新技术、新知识,适应连续重整工艺的快速发展。

2.12.7.2 校企合作要求

① 与浩业化工连续重整车间技术人员共同确定岗位标准,明确教学内容,共同建设教材;

② 浩业化工连续重整车间技术人员定期参与指导实训项目；

③ 浩业化工连续重整车间技术人员负责学生的技能评价；

④ 学生能够进入浩业化工连续重整车间进行参观学习；

⑤ 学习成绩优异的学生可免去顶岗考核，直接进入连续重整车间上岗工作。

2.12.7.3 实施要求

① 在保证理论教学内容完成的情况下，适当增加仿真操作练习。

② 教学过程中，定期带领学生到浩业化工连续重整车间参观，条件具备的情况下在装置现场进行现场教学。

③ 在教学过程中，使学生（学徒）熟悉浩业公司相关管理制度、产品质量标准、劳动纪律和生产安全知识，建立起一种共同的信念，达成一致的价值观，具备爱岗敬业、诚实守信、勤奋工作的工匠精神。

④ 积极鼓励试点班学生（学徒）以双重身份参加"化工生产技术技能竞赛""燃料油生产工技能竞赛""现代化工 HSE 竞赛"等。

⑤ 接受学院现代学徒制考核评价与督查管理。实现指导教师、企业师傅、社会多方参与的考核评价。由麦可思公司第三方评价给出权威结论，经校企共同考评合格的学徒，优先进入连续重整车间的重要岗位。

⑥ 丰富本课程教学资源，便于教师教学、学生学习，使教与学的过程具有交互性、共享性、开放性、协作性和自主性。建议以网络课程的形式展示，展示的内容分为课程级资源和企业级资源。课程级资源包括课程标准、课程设计、课程教学方案、教材、教案、课件、试题、师生互动等。企业级资源整合浩业公司资源，包括教学视频、动画、图片、案例等。

2.13　140 万吨/年浩业催化裂化工艺课程标准

2.13.1　基本信息

140 万吨/年浩业催化裂化工艺课程的基本信息见表 2.52。

表 2.52　140 万吨/年浩业催化裂化工艺课程基本信息

适用车间或岗位	催化裂化车间		
课程性质	专业核心课程	课时	30 学时
授课方式	教师讲授、做中学与学生自主学习相结合		
先修课程	有机化学、化工原理、石油及产品分析技术等		

2.13.2　教学目标

2.13.2.1　浩业相关要求

盘锦浩业化工有限公司催化裂化装置年产量 140 万吨，该装置工艺流程和操作控制方案简单，包括反应-再生部分、烟机-主风机部分、分馏部分、气压机部分、吸收稳定部分、产汽系统和余热锅炉部分，现有员工 60 名左右。

企业要求通过此门课程的学习，使学生（学徒）掌握催化裂化装置的原料来源，产品特点；该装置的工艺基本原理与工艺流程；该装置主要设备的作用以及工作原理；该装置各岗位的主要操作参数调节与控制。同时要求学生具有良好的职业素养、合作意识、接受与创新能力、安全意识等素质，认同浩业企业文化，毕业即可到盘锦浩业化工有限公司催化裂化车间顶岗工作。

2.13.2.2 课程目标

通过本课程的学习和训练，现代学徒制试点班学生应该具备以下知识、能力和素质：

（1）知识目标

① 熟悉催化裂化所加工原料的来源和性质。

② 熟悉催化裂化生产产品和产品特点。

③ 熟悉催化剂的种类和使用性能。

④ 熟练掌握催化裂化工艺流程。

⑤ 掌握催化裂化工艺原理。

⑥ 熟悉催化裂化各岗位的工艺控制流程图。

⑦ 掌握催化裂化所有设备用途。

⑧ 熟悉催化裂化主要设备构造。

⑨ 熟悉催化裂化的产品质量指标。

⑩ 熟悉影响催化裂化产品质量的因素及控制与调节方法。

（2）能力目标

① 能看懂催化裂化各岗位的操作规程。

② 能看懂与催化裂化各岗位有关的质量分析报告。

③ 能识读催化裂化各岗位带控制点的工艺流程图。

④ 能依据催化裂化流程的说明绘制工艺流程简图。

⑤ 能按工艺指标的要求和岗位操作要领在仿真软件上进行岗位正常操作。

⑥ 能在催化裂化仿真软件上将因操作变动所引起的质量波动调节正常。

（3）素质目标

① 具有职业素质：不迟到早退；不无故旷工；在生产岗位能够不怕脏累，做到吃苦耐劳，脚踏实地。

② 具有合作意识：小组成员分工协作共同完成装置的仿真操作。

③ 语言和文字表达能力：能按要求填写好操作记录和交接班日记，语言、文字表达清楚、准确；能按要求写出事故经过、原因及分析报告；分组汇报讨论时语言表述清晰、简洁。

④ 联系能力：能熟练地与装置各个岗位之间进行工作联系。

⑤ 接受与创新能力：不断学习新知识，能对装置工艺、设备及操作提出改进意见。

⑥ 安全意识：能按规程操作，有安全生产和自我保护意识。

2.13.3　课题与课时分配

本课程的课题与课时分配见表2.53。

表2.53　140万吨/年浩业催化裂化工艺课程课题与课时分配

序号	课题名称	总课时/学时	课时分配/学时		
			理论	实践	其他
1	认识催化裂化装置和流程	2	2	0	
2	催化裂化反应岗操作	10	6	4	
3	催化裂化分馏岗操作	6	4	2	
4	催化裂化吸收稳定岗操作	6	4	2	
5	主风-烟气能量回收系统工艺流程	2	2	0	
6	MTBE、气分、产品精制系统工艺流程	4	4	0	
	合计	30	22	8	

2.13.4　教学内容

课题一　认识催化裂化装置和流程（2学时）

（1）催化裂化原料与产品（1学时）

（2）催化裂化生产装置组成（1学时）

课题二　催化裂化反应岗操作（10学时）

（1）催化裂化反应原理（1学时）

（2）催化裂化催化剂（1学时）

（3）催化裂化反应-再生系统工艺流程（2学时）

（4）催化裂化反应-再生岗操作影响因素（2学时）

（5）催化裂化反应-再生岗操作参数的控制与调节（4学时）

课题三　催化裂化分馏岗操作（6学时）

（1）催化裂化分馏系统的工艺流程（2学时）

（2）催化裂化分馏岗操作影响因素（2学时）

（3）催化裂化分馏岗操作参数的控制与调节（2学时）

课题四　催化裂化吸收稳定岗操作（6学时）

（1）催化裂化吸收稳定系统的任务（1学时）

（2）催化裂化吸收稳定系统的工艺流程（1学时）

（3）催化裂化吸收稳定岗操作影响因素（2学时）

（4）催化裂化吸收稳定岗操作参数的控制与调节（2学时）

课题五　主风-烟气能量回收系统工艺流程（2学时）

（1）设备的作用（1学时）

（2）正常操作控制（1学时）

课题六　MTBE、气分、产品精制系统工艺流程（4学时）

（1）MTBE、气分、产品精制系统生产原理（1学时）

（2）产品精制系统工艺流程（1 学时）

（3）气分系统工艺流程（1 学时）

（4）MTBE 装置工艺流程（1 学时）

2.13.5 考核方案

2.13.5.1 考核项目

考核项目包括：学习过程考核，校内任务考核，第三方期末考核三个项目。

2.13.5.2 考核办法

（1）学习过程考核（20%） 由学校老师和企业师傅对学生日常的学习情况进行考核，包括工作纪律、团队合作精神、工作主动性和能力、工作绩效、岗位能力五个方面。

（2）校内任务考核（30%） 由学校老师和企业师傅对学过的任务内容以笔试、实操或口答、网络等方式进行考核，将考试评价与促进学习相结合。考核完成后，即时召开本任务学习讨论会，进行通报、分析、总结，让学徒制试点班学生知道努力的目标。

（3）第三方期末考核（50%） 依据教学管理办法由第三方出题进行考评。成绩报告给学徒制试点班领导小组和浩业公司人力资源部。同时进行对指导教师的三评活动。

本课程过程考核参考见表 2.54。

表 2.54　140 万吨/年浩业催化裂化工艺过程考核参考

考核项目	考核内容	扣分/(分/次)	考核对象
一、工作纪律	①上课期间大声喧哗或长时间与他人谈论与学习无关的事	4	试点班学生（学徒）
	②上课期间无故起哄，严重影响他人学习	4	
	③上课期间做与学习无关的事	4	
	④非合理需要，上课期间看与学习无关的资料	4	
	⑤迟到或早退无正当理由	4	
	⑥未经许可或借故不上课	4	
	⑦由于保管不当造成学习资料丢失或损坏	4	
二、团队合作精神	①不文明用语	4	
	②各自为政，不愿相互配合	4	
	③不相互尊重	4	
	④不愿承认、承担自己在任务中的过错	4	
	⑤出现问题，强词夺理	4	
	⑥不参加课程讨论活动	4	
三、工作主动性和工作能力	①任务实施中故意拖延，不按时完成	4	
	②任务实施中，出现相互推诿的现象	4	
	③任务实施中，出现问题不主动反映或处理	4	
	④任务实施中，出现消极怠工	4	
	⑤任务实施中，不服从老师安排经劝说无效者	4	

续表

考核项目	考核内容	扣分/(分/次)	考核对象
四、工作绩效	①出现各岗位温度调节的失效	4	试点班学生（学徒）
	②出现各岗位压力控制的失效	4	
	③出现各岗位液位调节的失效	4	
	④出现各岗位流量调节的失效	4	
五、岗位能力	①欠缺合作能力	4	
	②不能及时、有效地开展工作	4	
	③欠缺善于发现问题的能力	4	
	④欠缺举一反三的创新能力	4	
合计		100	
说明	当出现考核测评扣20分或以上时,需通知被扣分人班主任		

2.13.6 教学资源

2.13.6.1 实训条件

140万吨/年浩业催化裂化工艺课程实训条件基本要求见表2.55。

表2.55　140万吨/年浩业催化裂化工艺课程实训条件基本要求

序号	名称	基本配置要求	场地大小/m²	功能说明
1	装置仿真实训室	网络环境,1套投影设备、50台计算机与催化裂化装置仿真软件,若干外设	200	具备教、学、做一体化教室功能,为催化裂化工艺课程工艺操作教学、实训提供条件
2	3D虚拟实训室	网络环境,1套投影设备、50台VR设备与催化裂化装置3D虚拟软件	200	具备教、学、做一体化教室功能,为催化裂化工艺课程摸查工艺流程教学、实训提供条件
3	校外实训基地	催化裂化生产装置		为催化裂化工艺课程现场教学、实训提供条件

2.13.6.2 教学资源基本要求

① 基本的催化裂化工艺课程多媒体网络课程资源;

② 有关专业图书与期刊等图书资源;

③ 来自浩业公司提供的企业生产操作规程、生产案例等企业生产资源;

④ 催化裂化生产工国家职业技能标准;

⑤ 与浩业公司合作开发的《催化裂化工艺》讲义;

⑥ 催化裂化装置仿真软件;

⑦ 催化裂化装置3D虚拟软件。

2.13.7 说明

2.13.7.1 学生学习基本要求

① 具备一定的理解能力与表达能力；

② 具备一定的专业基础知识；

③ 具有集体荣誉感和责任心；

④ 具有健康的心理素质和强健的体魄；

⑤ 具有适应催化裂化装置快速发展的能力。

2.13.7.2 校企合作要求

① 与浩业公司催化裂化车间技术人员共同确定岗位标准，明确教学内容，共同建设教材；

② 浩业公司催化裂化车间技术人员负责学生的技能评价；

③ 学生能够进入浩业公司催化裂化车间进行参观学习。

2.13.7.3 实施要求

① 根据实际情况，教学时数可适当增减。

② 教学过程中，定期带领学生到催化裂化车间参观，条件具备的情况下在催化裂化车间进行现场教学；校内上课地点设在具有"教、学、做"一体化功能的仿真实训室，在催化裂化车间技术人员参与下，融入"催化裂化生产工"国家职业资格标准，学习与催化裂化装置相匹配的技术知识和岗位操作技能，做到学以致用，调动学生学习的积极性与主动性，达到催化裂化车间上岗要求。

③ 接受学院现代学徒制考核评价与督查管理。实现指导教师、企业师傅、社会多方参与的考核评价。由麦可思公司第三方评价给出权威结论。

④ 丰富本课程教学资源，便于教师教学、学生学习，使教与学的过程具有交互性、共享性、开放性、协作性和自主性。建议以网络课程的形式展示，展示的内容分为课程级资源和企业级资源。课程级资源包括课程标准、教材、教案、课件、试题、师生互动等。企业级资源整合浩业公司资源，包括教学视频、动画、图片、案例等。

2.13.7.4 课程优势

① 学校和浩业公司共同参与，课堂学习和实践操作相互依赖，整个过程更加强调人才培养的"质量"，有利于全面提高学生（学徒）的理论水平和实践能力。

② 实现受教育者学历提升和资格取得的有机统一，提高受教育者在岗位提升过程中的竞争力。

③ 对于企业而言可缩短培训时间，降低培训成本；对于学生而言没有实习期，可提前就业。

2.14 140万吨/年浩业延迟焦化工艺课程标准

2.14.1 基本信息

140万吨/年浩业延迟焦化工艺课程的基本信息见表2.56。

表 2.56　140 万吨/年浩业延迟焦化工艺课程基本信息

适用车间或岗位	延迟焦化车间		
课程性质	专业核心课程	课时	18 学时
授课方式	讲授		
先修课程	石油及产品分析技术、化工原理、化工识图与 CAD、化工控制及电工技术、化工机械与钳工技术、300 万吨/年浩业常减压蒸馏工艺		

2.14.2　教学目标

2.14.2.1　企业相关要求

盘锦浩业化工有限公司现有 40 万吨/年、140 万吨/年延迟焦化装置各一套，原料为贫氢重质残油，装置由焦化部分、分馏部分、吸收稳定部分、干气吹汽放空部分、水力除焦部分、切焦水闭路循环部分、冷焦水密闭处理部分等组成。主要产品是焦化溶剂油、蜡油、石油焦等。企业要求通过本门课程的学习，使学生（学徒）掌握浩业公司延迟焦化车间的原料及产品性质；掌握生产工艺流程；熟悉主要设备及结构；熟悉焦化反应原理；熟悉主要控制参数及控制方案；掌握主要的工艺控制指标；能对工艺条件进行分析；熟悉岗位操作方法，重点掌握反应岗位的基本操作方法，同时要具有良好的职业素养，认同浩业企业文化，毕业即可到企业延迟焦化生产装置进行顶岗，参与延迟焦化装置的生产工作。

2.14.2.2　课程目标

通过本课程的学习和训练，现代学徒制试点班学生应该具备以下知识、能力和素质：

（1）知识目标
① 掌握延迟焦化的含义；
② 掌握延迟焦化原料及性质要求；
③ 掌握延迟焦化产品及主要控制指标要求；
④ 熟悉延迟焦化反应原理；
⑤ 掌握延迟焦化装置反应岗位、分馏岗位和稳定岗位的工艺流程；
⑥ 掌握延迟焦化装置的反应岗位的工艺条件；
⑦ 熟悉加热炉、焦炭塔和分馏塔等主要设备的结构；
⑧ 掌握加热炉、焦炭塔和分馏塔等主要设备的作用和特点；
⑨ 熟悉主要参数的控制方法；
⑩ 了解装置的岗位设置及生产运行方式；
⑪ 熟悉各生产岗位的基本操作方法；
⑫ 掌握生焦周期的含义；
⑬ 掌握焦炭塔除焦的基本过程和各步骤的作用；
⑭ 掌握水力除焦的基本原理；
⑮ 了解水力除焦的方法；
⑯ 熟悉液化气脱硫的工艺过程。

（2）能力目标

① 能根据流程说明看懂工艺流程图；

② 能画出生产工艺的流程简图，并讲述流程；

③ 能画出反应岗位的工艺流程图，并讲述流程；

④ 能画出分馏岗位的工艺流程图，并讲述流程；

⑤ 能画出吸收稳定岗位的工艺流程图，并讲述流程；

⑥ 能介绍产品的工艺控制指标；

⑦ 能说明主要工艺参数的控制方法；

⑧ 能对工艺条件进行分析；

⑨ 能介绍主要设备作用及结构；

⑩ 能说明焦炭塔除焦的基本过程；

⑪ 能说明水力除焦的原理；

⑫ 能看懂生产岗位操作规程。

（3）素质目标

① 在查阅资料等过程中逐渐培养自我学习、获取有效信息的素质；

② 在分小组学习过程中形成团队意识和协作精神；

③ 在个人展示、交流和提交任务结果等环节培养语言表达能力和文字处理能力；

④ 在学习的全过程中逐渐养成遵章守纪、认真踏实、吃苦耐劳的作风；

⑤ 在深入学习生产工艺和操作的基础上逐渐形成节能降耗和环保意识；

⑥ 在实验过程中培养严谨科学的态度；

⑦ 在学习实践中培养分析解决问题的能力；

⑧ 能够适应延迟焦化装置车间倒班的工作方式。

2.14.3　课题与课时分配

本课程的课题与课时分配见表 2.57。

表 2.57　140 万吨/年浩业延迟焦化工艺课程课题与课时分配

序号	课题名称	总课时/学时	课时分配/学时		
			理论	实践	其他
1	浩业延迟焦化装置及生产运行	2	2		
2	反应岗位及操作	6	4	2	
3	分馏岗位及操作	6	4	2	
4	稳定岗位及操作	2	2		
5	液化气脱硫工艺	2	2		
	合计	18	14	4	

2.14.4　教学内容

课题一　浩业延迟焦化装置及生产运行（2 学时）

（1）延迟焦化

（2）浩业焦化装置的原料及产品

（3）浩业焦化装置的工艺流程组织

（4）浩业焦化装置的生产运行方式

课题二 反应岗位及操作（6学时）

（1）反应岗位任务及工艺

（2）反应岗位主要设备

（3）反应岗位工艺条件

（4）反应岗位操作（加热炉操作、焦炭塔除焦操作）

课题三 分馏岗位及操作（6学时）

（1）分馏岗位任务及工艺

（2）分馏岗位主要设备

（3）分馏岗位工艺条件

（4）分馏岗位分馏塔操作

课题四 稳定岗位及操作（2学时）

（1）稳定岗位任务及工艺

（2）稳定岗位主要设备

（3）稳定岗位工艺条件

（4）稳定岗位操作（吸收塔、稳定塔操作）

课题五 液化气脱硫工艺（2学时）

（1）液化气脱硫的目的

（2）液化气脱硫工艺流程

2.14.5 考核方案

2.14.5.1 考核项目

考核项目包括：学习态度和工作纪律、理论知识、操作能力、团队合作精神、岗位能力等方面。

2.14.5.2 考核办法

（1）分岗位考核 在三个主要岗位学习完之后，由学校老师和企业师傅共同组织考核，考核内容及方式设计为：岗位基础知识以笔试、网络等考核方式为主；岗位工艺流程以口试考核和笔试考核方式相结合；岗位主要操作以实操等方式进行考核。考核完成后，及时召开本岗位学习讨论会，进行通报、分析、总结，将考试评价与促进学习相结合，使试点班学生明确努力的目标。

（2）结课考核 依据教学管理办法，由教务处牵头、焦化车间负责，采取第三方出题方式，用多样化的考试形式对学生的综合能力进行考核，使考核更加客观，利于检验学生所学是否符合浩业焦化车间所需的岗位知识目标的要求。成绩报告给试点班领导小组和浩业公司人力资源部。

（3）焦化装置知识竞赛 在浩业班内部，或浩业班与其他石油化工技术专业学生之间开展焦化装置知识竞赛。竞赛可以自主举行或联合焦化车间共同开展，形成全员参赛，以赛促教，共同提高的良好氛围，提高学生专业知识和语言表达、团队精神等综合素质。

2.14.5.3 考核量化表

140万吨/年浩业焦化工艺课程考核由过程性考核（占总评成绩的50%）和终结性考核（占总评成绩的50%）构成，考核项目及赋分见表2.58。

表 2.58 考核项目及赋分

序号	考核评价类型	考核评价项目	权重赋分/分
1	日常考核	出勤	5
		课堂表现(状态、发言)	5
		课内与课后作业	5
2	阶段考核	岗位工艺流程图绘制和识读考核	15
		岗位知识考核	15
		岗位实操考核	5
3	结课考核	结课笔试考核	50
合计			100

为确保教学顺利进行，制定教学过程奖惩措施，作为本课程教学的制度执行，以奖优罚劣。奖惩考核实施参考见表2.59。

表 2.59 奖惩考核实施参考

考核项目	奖惩	考核内容	赋分/(分/次)	考核对象
一、纪律	惩	①缺课1学时	−2	试点班学生(学徒)
		②迟到或早退	−1	
		③上课期间玩手机	−1	
		④上课期间睡觉	−1	
		⑤上课期间做其他与学习无关的事	−1	
		⑥实训期间串岗、追逐嬉戏影响他人工作	−1	
	奖	从不缺课	+2	
二、学习任务完成情况	惩	①不完成作业一次	−2	
		②作业不使用仿宋体	−1	
		③作业成绩在60分以下	−1	
		④流程识读等学习任务不能按要求一次完成	−1	
		⑤学习期间从不主动发言	−1	
		⑥不参加课程小组讨论会议、活动的	−1	
		⑦不能独立完成操作过程	−2	
		⑧实训区域内卫生不达标经指正无效者	−1	
	奖	①作业全部上交,8分以上,规范使用仿宋体	+2	
		②各岗位流程识读等学习任务均9分以上	+2	
		③知识竞赛获奖	+2	

2.14.6 教学资源

2.14.6.1 实训条件

140万吨/年浩业延迟焦化工艺课程教学硬件环境基本要求见表2.60。

表2.60 140万吨/年浩业延迟焦化工艺课程教学硬件环境基本要求

序号	名称	基本配置要求	场地大小/m²	功能说明
1	化工仿真实训室	仿真软件、多媒体教学设备	100	能进行延迟焦化装置模拟仿真操作
2	柴油加氢实训室	半实物仿真装置	120	能进行分馏塔操作训练
3	校外实训基地	焦化装置		能了解延迟焦化工艺流程,感受真实生产环境和职业氛围

2.14.6.2 教学资源基本要求

① 浩业公司延迟焦化装置的生产操作规程资料;

② 校企合作开发的特色教材《140万吨/年浩业焦化工艺》;

③ 多媒体课件、动画、浩业公司延迟焦化装置的录像、图片等教学资源;

④ 计算机网络系统、万方数据、超星图书等资源;

⑤ 课程相关的图书、期刊资料;

⑥ 具备能满足本课程教学实施所需的多媒体教学教室;延迟焦化装置模拟仿真软件;能进行实操的分馏塔操作训练装置等。

2.14.7 说明

2.14.7.1 学生学习基本要求

① 具备延迟焦化装置各岗位所需的基本基础知识和相关技能,通过训练能尽快达到上岗要求;

② 借助操作规程或经过现场相关培训后,能熟悉工艺和相关参数,按照操作规程进行顶岗操作;

③ 不断学习,掌握新技术、新知识,适应装置的原料变化和发展的需要。

2.14.7.2 校企合作要求

① 与延迟焦化装置技术人员共同确定岗位标准,明确教学内容,共同建设教材;

② 延迟焦化装置技术人员参与课程教学实施;

③ 延迟焦化装置技术人员参与学生的知识、技能评价;

④ 学生能够进入延迟焦化装置进行参观学习和深入学习。

2.14.7.3 实施要求

① 根据延迟焦化装置情况,教学时数可适当增减。

② 教学过程中,定期带领学生到延迟焦化装置参观,条件具备的情况下在延迟焦化装置进行现场教学;校内上课地点设在多媒体教室、利用校内外实训基地开展技术知识和岗位操作技能学习,做到学以致用,调动学生学习的积极性与主动性,达到企业岗位要求。

③ 在教学中期，开展学生与青年员工擂台赛，企业提高了员工的技术水平，学校促进了教学质量的提升，力求能使试点班学生（学徒）熟悉相关管理制度、生产操作、劳动纪律和生产安全知识，建立起一种共同的信念，达成一致的价值观，具备爱岗敬业、诚实守信、勤奋工作的工匠精神。

④ 接受学院现代学徒制考核评价与督查管理。实现指导教师、企业师傅、社会多方参与的考核评价。由麦可思公司第三方评价给出权威结论，经校企共同考评合格的学徒，优先进入延迟焦化车间就业。

⑤ 丰富本课程教学资源，便于教师教学、学生学习，使教与学的过程具有交互性、共享性、开放性、协作性和自主性。建议以网络课程的形式展示，展示的内容分为课程级资源和企业级资源。课程级资源包括课程标准、课程设计、课程教学方案、教材、教案、课件、试题、师生互动等。企业级资源整合浩业公司资源，包括教学视频、动画、图片、案例等。

第**3**章
岗位实习标准

3.1　300 万吨/年浩业常减压蒸馏工艺实习标准

3.1.1　基本信息

300 万吨/年浩业常减压蒸馏工艺实习课程的基本信息见表 3.1。

表 3.1　300 万吨/年浩业常减压蒸馏工艺实习课程基本信息

适用车间或岗位	常减压蒸馏车间(原料预处理车间)		
课程性质	技能课程	课时	40 学时
授课方式	仿真操作＋现场实习		
先修课程	有机化学、化工原理、常减压蒸馏工艺		

3.1.2　教学目标

3.1.2.1　企业相关要求

盘锦浩业化工有限公司原料预处理车间拥有 100 万吨/年常减压蒸馏工艺装置和 300 万吨/年常减压蒸馏工艺装置各一套。车间设有常压岗和减压岗，人员包括常压内操工和外操工，减压内操工和外操工。目前原料预处理车间有员工 60 人，我校毕业生占其中的 1/4。企业要求通过此门课程的学习，使学徒掌握 300 万吨/年浩业常减压蒸馏工艺的基本原理、工艺及主要设备和主要操作技术。通过教师顶岗实践和调研，结合浩业原料预处理岗位标准，希望学徒制班级的学生在学习的过程中了解车间管理制度，具备良好的职业素养，认同浩业企业、车间文化。让学员了解车间日常工作要点和工作流程，毕业即可到 300 万吨/年原料预处理车间进行顶岗工作。

3.1.2.2　实习目标

经与企业深入交流，以浩业实际生产使用的工艺技术和操作规程为教学内容，共同建设教材；采用"1＋2"的形式，1/3 的时间在学院学习，2/3 的时间在企业学习和顶岗，校企合作共同进行人才培养工作。

校企联合决定通过本课程的学习和锻炼使现代学徒制试点班学生具备以下知识、能力和素质：

（1）知识目标

① 了解浩业公司 300 万吨/年常减压蒸馏装置的企业地位、作用；

② 了解浩业公司 300 万吨/年常减压蒸馏装置的安全注意事项；

③ 了解浩业公司 300 万吨/年常减压蒸馏装置的工艺原理、工艺流程；

④ 掌握浩业公司 300 万吨/年常减压蒸馏装置的核心设备操作方法；

⑤ 掌握常减压蒸馏仿真 DCS 的操作方法。

（2）能力目标

① 能识读常减压蒸馏装置的各主要生产单元；

② 能对危险源即危险物进行准确的判断；

③ 能绘制、说明各关键岗位的工艺流程简图；

④ 能熟练进行常减压蒸馏工艺的 DCS 仿真操作。

（3）素质目标

① 培养学生环境保护意识、经济意识和安全意识；

② 培养学生团结合作、吃苦耐劳的职业素养；

③ 培养学生实事求是、精益求精的工匠精神；

④ 培养学生严谨的工作作风；

⑤ 能够适应大化工生产的工作方式。

3.1.3　课题与课时分配

本课程的课题与课时分配见表 3.2。

表 3.2　300 万吨/年浩业常减压蒸馏工艺实习课程课题与课时分配

序号	课题名称	总课时/学时	课时分配/学时		
			现场	仿真	其他
1	常减压蒸馏装置的作用	2	2		
2	常减压蒸馏装置生产的安全注意事项	2	2		
3	常减压蒸馏装置的工艺原理、工艺流程	32	19	13	
4	常减压蒸馏装置核心设备	4	2	2	
	合计	40	25	15	

3.1.4　教学内容

课题一　常减压蒸馏装置的作用（2 学时）

（1）浩业常减压蒸馏装置的规模、原料、产品介绍（现场 1 学时）

（2）常减压蒸馏装置各主要单元简介（现场 1 学时）

课题二　常减压蒸馏装置生产的安全注意事项（2 学时）

（1）常减压蒸馏车间的安全教育（现场 1 学时）

（2）危险源辨识、作业时的安全规范（现场1学时）

课题三　常减压蒸馏装置的工艺原理、工艺流程（32学时）

（1）常减压蒸馏装置的总貌简单流程、工艺流程（现场3学时＋仿真3学时）

（2）常减压蒸馏装置常压岗位的简单流程、工艺原理（现场10学时＋仿真6学时）

（3）常减压蒸馏装置减压岗位的简单流程、工艺流程（现场6学时＋仿真4学时）

课题四　常减压蒸馏装置核心设备（4学时）

（1）主体设备的基础信息、结构原理（现场2学时）

（2）主体设备的操作方法（仿真2学时）

3.1.5　考核方案

3.1.5.1　考核项目

考核方式采用现场提问、试卷笔答、仿真操作考核三者相结合的考核模式。现场提问项目包括：装置岗位、工艺原理及工艺流程、原料来源及产品应用等；试卷笔答采用移动端题库平台，抽选岗位试题，试题均为浩业化工常减压蒸馏上岗考核试题；仿真操作考核项目为浩业常减压蒸馏技能竞赛版仿真操作。

3.1.5.2　考核办法

（1）现场提问考核　现场考核者为连续重整装置技术员或现场技术人员。考核方式为口头提问，并且记录。为单人单次逐一考核。

（2）试卷笔答考核　课程完成之后，要对学生（学徒）进行试题考核，试卷考核借助辽宁石化职业技术学院网络仿真平台题库系统，可通过手机App登录，出题者为企业车间人员，试题内容为常减压蒸馏车间操作人员上岗试题。

具体的考核参考见表3.3。

表3.3　300万吨/年浩业常减压蒸馏工艺实习考核参考

考核项目	考核内容	分值/分	考核对象
一、现场提问考核	①常减压蒸馏装置组成及产品应用	5	试点班学生（学徒）
	②原料来源及预处理	5	
	③常减压蒸馏工艺	10	
	④工艺影响因素	10	
	⑤各岗位操作要点	10	
二、试卷笔答考核	①常减压蒸馏工艺流程	5	
	②常减压蒸馏加工原油性质	5	
	③常减压蒸馏生产影响因素	5	
	④各岗位技术要求	10	
	⑤安全生产内容	5	
三、仿真操作考核	常减压蒸馏工艺开车仿真操作	30	
合计		100	
说明	若由于特殊原因错过考核,可申请补考		

3.1.6 教学资源

3.1.6.1 实训条件

本课程的实训条件基本要求见表3.4。

表3.4 300万吨/年浩业常减压蒸馏工艺实习课程实训条件基本要求

序号	名称	基本配置要求	场地大小/m^2	功能说明
1	浩业化工常减压蒸馏车间	常减压蒸馏装置、中控室、学习室	2500	可完成日常的实习活动
2	浩业化工常减压蒸馏工艺仿真实训室	配备24台计算机及1套多媒体屏幕显示设备	60	可进行仿真操作练习

3.1.6.2 教学资源基本要求

① 浩业公司常减压蒸馏工艺原理说明;

② 浩业公司常减压蒸馏装置操作规程;

③ 辽宁石化职业技术学院网络仿真培训平台;

④ 课程相关的图书资料。

3.1.7 说明

3.1.7.1 学生学习基本要求

① 掌握常减压蒸馏工艺原理,掌握典型设备操作原理,通过学习可达到常减压蒸馏车间上岗要求;

② 掌握浩业公司常减压蒸馏装置的工艺流程,能够识图、说图、绘图;

③ 掌握常减压蒸馏生产过程中工艺参数的变化规律,通过仿真练习,具有初步调节的能力。

3.1.7.2 校企合作要求

① 与浩业公司常减压蒸馏车间技术人员共同确定实习标准,明确实习内容,共同建设实习教材;

② 浩业公司常减压蒸馏车间技术人员指导现场实习;

③ 浩业公司常减压蒸馏车间技术人员负责学生的现场提问考核;

④ 学习成绩优异的学生可免去顶岗考核,直接进入常减压蒸馏车间上岗。

3.1.7.3 实施要求

① 现场实习期间,安全第一。

② 实习期间遵守浩业化工有限公司的相关规章制度,不迟到早退,不扰乱企业正常生产秩序。

③ 在实习期间,培养共同的职业信念,达成一致的价值观,具备爱岗敬业、诚实守信、勤奋工作的工匠精神。

④ 学生(学徒)接受学院与企业的现代学徒制考核评价与督查管理。实现学院、企业、

第三方社会机构多方参与的考核评价。经校企共同考评合格的学徒，优先进入常减压蒸馏车间的重要岗位。

⑤ 实习期间，充分利用网络仿真培训平台，发挥平台的网络功能性，利用其中的 DCS系统、手机 App、任务管理功能，多资源综合完成实习。

3.2　40 万吨/年浩业深度加氢工艺实习标准

3.2.1　基本信息

40 万吨/年浩业深度加氢工艺实习课程的基本信息见表 3.5。

表 3.5　40 万吨/年浩业深度加氢工艺实习课程基本信息

适用车间或岗位	深度加氢车间		
课程性质	技能课程	课时	40 学时
授课方式	仿真操作＋现场实习		
先修课程	化工原理、常减压蒸馏工艺、深度加氢工艺		

3.2.2　教学目标

3.2.2.1　企业相关要求

盘锦浩业化工有限公司深度加氢装置，从 2015 年 11 月份基础打桩建设，到 2016 年 11月份投产运行，年产量可达到 40 万吨。车间管理方面有 5 人，设有主任、副主任、技术员、设备员、安全员；车间配置 32 名操作人员，共分成 4 个班，执行四班三倒，目前为三期装置人员储备和车间内部人员储备，还需进行增补人员。通过教师顶岗实践和调研，结合浩业加氢岗位标准，企业要求通过此门课程的学习，使学生（学徒）掌握加氢装置的工艺原则流程，熟悉离心泵、压缩机、塔等主要设备的操作方法；并具有良好的职业素养，认同浩业企业文化，以便毕业后到企业加氢车间顶岗期间能快速掌握实际操作知识及技能。

以浩业实际生产使用的工艺技术和操作规程为教学内容，共同建设教材；采用"1＋2"的形式，1/3 的时间在学院学习，2/3 的时间在企业学习和顶岗，校企合作共同进行人才培养工作。

3.2.2.2　实习目标

根据实地的调研，校企联合决定通过本课程的学习和训练，应使现代学徒制试点班学生具备以下知识、能力和素质：

（1）知识目标

① 了解浩业化工深度加氢装置的企业地位、作用；

② 了解浩业化工深度加氢装置的安全注意事项；

③ 了解浩业化工深度加氢装置的工艺原理、工艺流程；

④ 掌握浩业化工深度加氢装置的核心设备操作方法；

⑤ 掌握加氢裂化仿真 DCS 的操作方法。

（2）能力目标

① 能识读深度加氢装置的各主要生产单元；

② 能对危险源既危险物进行准确的判断；

③ 能绘制、说明各关键岗位的工艺流程简图；

④ 能熟练操作加氢裂化工艺的 DCS 仿真。

（3）素质目标

① 培养学生环境保护意识、经济意识和安全意识；

② 培养学生团结合作、吃苦耐劳的职业素养；

③ 培养学生实事求是、精益求精的工匠精神；

④ 培养学生严谨的工作作风。

3.2.3 课题与课时分配

本课程的课题与课时分配见表 3.6。

表 3.6 40 万吨/年浩业深度加氢工艺实习课程课题与课时分配

序号	课题名称	总课时/学时	课时分配/学时		
			理论	实践	其他
1	40 万吨/年深度加氢裂化装置仿真项目工艺概述	4	4		
2	40 万吨/年深度加氢裂化装置仿真项目操作指导	4	4		
3	40 万吨/年深度加氢裂化装置仿真项目操作练习	8			8
4	40 万吨/年深度加氢裂化装置仿真项目操作考核评价	4			4
5	车间及岗位安全教育	2		2	
6	深度加氢装置现场工艺流程	4		4	
7	深度加氢装置现场设备	4		4	
8	深度加氢装置内外操岗位操作	8		8	
9	深度加氢装置现场考核评价	2		2	
	合计	40	8	20	12

3.2.4 教学内容

课题一 40 万吨/年深度加氢裂化装置仿真项目（20 学时）

（1）工艺概述

（2）操作指导

（3）操作练习

（4）操作考核评价

（主讲：学校教师；辅讲：企业师傅）

课题二　深度加氢装置现场实践（20 学时）

（1）车间及岗位安全教育

（2）现场设备及工艺流程

（3）内外操岗位操作

（4）考核评价

（主讲：企业师傅；辅讲：学校教师）

3.2.5　考核方案

3.2.5.1　考核项目

本课程的考核项目见表 3.7。

表 3.7　40 万吨 / 年浩业深度加氢工艺实习课程考核项目

序号	类型	考核内容、形式		权重	
1	项目测评	加氢反应部分	笔试	50%	10%
		加氢分馏部分	笔试	50%	
2	仿真操作考核	40 万吨/年深度加氢裂化装置仿真项目	装置仿真操作	100%	30%
3	学习态度	纪律	记录	30%	30%
		出勤	考勤	30%	
		日常任务完成情况	记录	40%	
4	现场考核	现场工艺流程	现场查流程	40%	30%
		设备相关知识	演示操作	40%	
		安全知识	口试	20%	
总分		100 分			

3.2.5.2　考核办法

考核方式采用现场考核、项目测评、仿真操作考核、学习态度考核四者相结合的考核模式。现场考核项目包括：装置岗位、工艺原理及工艺流程、安全知识等；项目测评可采用移动端题库平台，抽选岗位试题，试题均为浩业化工深度加氢上岗考核试题；仿真操作考核项目为40 万吨/年深度加氢裂化装置的开车操作。学习态度主要评价学生日常出勤及任务完成情况。

考核项目由学校教师及企业师傅担任，学校教师主要负责项目测评和仿真操作考核；企业师傅负责现场考核；教师及师傅共同完成学习态度的考核。

本课程的考核实施参考见表 3.8。

表 3.8　40 万吨/年浩业深度加氢工艺实习考核实施参考

考核项目	考核内容	分值/分	考核对象
一、项目测评	①加氢反应部分 客观题＋流程图	1～5	试点班学生（学徒）
	②加氢分馏部分 客观题＋流程图	1～5	

考核项目	考核内容	分值/分	考核对象
二、学习态度	①全勤,无迟到早退现象,实训态度认真。按老师要求,认真并且可以独立完成工作任务。对装置岗位操作基本了解	27~30	试点班学生(学徒)
	②出勤状况良好,无迟到早退现象,请假不超过1天,态度良好。可以独立完成任务。对装置岗位操作基本了解	22~26	
	③出勤状况良好,无迟到早退现象,请假不超过2天,态度良好。可以完成任务。对装置岗位操作基本了解	18~21	
三、仿真操作考核	40万吨/年深度加氢裂化装置仿真操作	满分30	
四、现场考核	①熟练掌握加氢装置的相关安全知识;熟悉整个加氢装置的工艺流程及主要设备的操作方法	27~30	
	②熟练掌握加氢装置的相关安全知识;基本了解整个装置的工艺流程,知道主要设备的操作程序	22~26	
	③掌握加氢装置的相关安全知识;能简单说出个别岗位的工艺流程	18~21	
合计		100	
说明	若由于特殊原因错过考核,可申请补考		

3.2.6 教学资源

3.2.6.1 实训条件

本课程的实训条件基本要求见表3.9。

表3.9 40万吨/年浩业深度加氢工艺实习课程实训条件基本要求

序号	名称	基本配置要求	场地大小	功能说明
1	浩业化工深度加氢车间	深度加氢装置、中控室、学习室	装置现场	可完成日常的实习活动
2	深度加氢工艺仿真实训室	配备24台计算机及1套多媒体屏幕显示设备	60m²	可进行仿真操作练习

3.2.6.2 教学资源基本要求

① 浩业40万吨/年加氢深度精制装置操作规程;

② 浩业40万吨/年加氢深度精制装置工艺流程图;

③ 辽宁石化职业技术学院网络仿真培训平台;

④ 课程相关的图书资料。

3.2.7 说明

3.2.7.1 学生学习基本要求

① 掌握加氢原料和产品特点、加氢工艺流程、加氢相关设备操作知识,达到深度加氢车间要求。

② 认真学习操作规程，并熟悉基本的参数调节方法，控制方法。

③ 不断学习，掌握新技术、新知识，适应深度加氢车间的快速发展。

3.2.7.2　校企合作要求

① 与深度加氢车间技术人员共同确定岗位标准，明确实习内容，共同建设教材；

② 浩业公司深度加氢车间技术人员指导现场实习；

③ 浩业公司深度加氢车间技术人员负责指导学生现场学习及提问考核；

④ 学习成绩优异的学生免试进入深度加氢车间就业。

3.2.7.3　实施要求

① 现场实习期间，安全第一。

② 实习期间遵守浩业化工有限公司的相关规章制度，不迟到早退，不扰乱企业正常生产秩序。

③ 在实习期间，培养共同的职业信念，达成一致的价值观，具备爱岗敬业、诚实守信、勤奋工作的工匠精神。

④ 学生（学徒）接受学院与企业的现代学徒制考核评价与督查管理。实现学院、企业、第三方社会机构多方参与的考核评价。经校企共同考评合格的学徒，优先进入深度加氢车间的重要岗位工作。

⑤ 实习期间，充分利用网络仿真培训平台，发挥平台的网络功能性，利用其中的 DCS 系统、手机 App、任务管理功能，多资源综合完成实习。

3.3　120 万吨/年浩业连续重整工艺实习标准

3.3.1　基本信息

120 万吨/年浩业连续重整工艺实习课程的基本信息见表 3.10。

表 3.10　120 万吨/年浩业连续重整工艺实习课程基本信息

适用车间或岗位	120 万吨/年连续重整车间		
课程性质	技能课程	课时	52 学时
授课方式	仿真操作＋现场实习		
先修课程	有机化学、化工原理、浩业企业管理、化工识图与 CAD、浩业连续重整工艺		

3.3.2　教学目标

3.3.2.1　企业相关要求

盘锦浩业化工有限公司 120 万吨/年连续重整装置，采用法国石油研究院（IFP）技术，于 2017 年 5 月破土动工，经过 10 个月的建设，2018 年 2 月一次开车成功，生产能力为每年 120 万吨。目前连续重整车间设有主任 1 名，工艺副主任、安全副主任、设备副主任各 1 名，技术员、设备员、安全员各 1 名，技能操作人员 88 人。分为预加氢、连续重整反应-分馏、抽提、异构化、机组共五个岗位，四班三倒，目前车间仍需补充技术操作人员，通过教师顶岗实践和调研，结合浩业重整岗位标准，希望学徒制班级的学生在该车间工作时应具备能识读连续重整装置的各主要生产单元，能对危险源即危险物进行准确的判断，能绘制、说明各关键岗位的工艺流程简图，能熟练进行连续重整工艺的DCS仿真操作。

以浩业公司实际生产使用的工艺技术和操作规程为教学内容，共同建设教材；采用"1+2"的形式，1/3的时间在学院学习，2/3的时间在企业学习和顶岗，校企合作共同进行人才培养工作。

3.3.2.2　实习目标

根据实地的调研，校企联合决定通过本课程的学习和训练，现代学徒制试点班学生应该具备以下知识、能力和素质：

（1）知识目标

① 了解浩业公司120万吨/年连续重整装置的企业地位、作用；

② 了解浩业公司120万吨/年连续重整装置的安全注意事项；

③ 了解浩业公司120万吨/年连续重整装置的工艺原理、工艺流程；

④ 掌握浩业公司120万吨/年连续重整装置的核心设备操作方法；

⑤ 掌握浩业公司120万吨/年连续重整仿真DCS的操作方法。

（2）能力目标

① 能识读浩业公司120万吨/年连续重整装置的各主要生产单元；

② 能对浩业公司120万吨/年连续重整装置的危险源及危险物进行准确的判断；

③ 能绘制、说明浩业公司120万吨/年连续重整装置各关键岗位的原则流程图；

④ 能熟练进行浩业公司120万吨/年连续重整工艺的DCS仿真操作。

（3）素质目标

① 培养学生环境保护意识、经济意识和安全意识；

② 培养学生团结合作、吃苦耐劳的职业素养；

③ 培养学生实事求是，精益求精的工匠精神；

④ 培养学生严谨的工作作风；

⑤ 能够适应大化工生产的工作方式。

3.3.3　课题与课时分配

本课程的课题与课时分配见表3.11。

表3.11　120万吨/年浩业连续重整工艺实习课程课题与课时分配

序号	课题名称	总课时/学时	课时分配/学时		
			现场	仿真	其他
1	浩业公司120万吨/年连续重整装置的作用	4	4		
2	浩业公司120万吨/年连续重整装置的生产安全注意事项	2	2		
3	浩业公司120万吨/年连续重整装置的工艺原理、工艺流程	42	21	21	

续表

序号	课题名称	总课时/学时	课时分配/学时		
			现场	仿真	其他
4	浩业公司120万吨/年连续重整装置核心设备	4	2	2	
	合计	52	29	23	

3.3.4 教学内容

课题一 浩业公司 120 万吨/年连续重整装置的作用（4 学时）

（1）浩业化工有限公司厂区介绍（现场 1 学时）

（2）浩业公司 120 万吨/年连续重整装置的原料、产品介绍（现场 1 学时）

（3）浩业公司 120 万吨/年连续重整装置的规模介绍、采用的技术类型介绍（现场 1 学时）

（4）浩业公司 120 万吨/年连续重整装置各主要单元简介（现场 1 学时）

课题二 浩业公司 120 万吨/年连续重整装置的生产安全注意事项（2 学时）

（1）浩业公司 120 万吨/年连续重整车间的安全教育（现场 1 学时）

（2）浩业公司 120 万吨/年连续重整装置的危险源辨识、作业时的安全规范（现场 1 学时）

课题三 浩业公司 120 万吨/年连续重整装置的工艺原理、工艺流程（42 学时）

（1）浩业公司 120 万吨/年连续重整装置的总貌简单流程、工艺流程（现场 3 学时＋仿真 3 学时）

（2）浩业公司 120 万吨/年连续重整装置预加氢岗位的简单工艺流程、工艺原理（现场 3 学时＋仿真 3 学时）

（3）浩业公司 120 万吨/年连续重整装置反应、分馏岗位的简单工艺流程、工艺原理（现场 6 学时＋仿真 6 学时）

（4）浩业公司 120 万吨/年连续重整装置抽提岗位的简单工艺流程、工艺原理（现场 6 学时＋仿真 6 学时）

（5）浩业公司 120 万吨/年连续重整装置异构化岗位的简单工艺流程、工艺原理（现场 3 学时＋仿真 3 学时）

课题四 浩业公司 120 万吨/年连续重整装置核心设备（4 学时）

（1）浩业公司 120 万吨/年连续重整装置主体设备的基础信息、结构原理（现场 2 学时）

（2）浩业公司 120 万吨/年连续重整装置主体设备的操作方法（仿真 2 学时）

3.3.5 考核方案

3.3.5.1 考核项目

考核方式采用现场提问、试卷笔答、仿真操作考核三者相结合的考核模式。现场提问项目包括：浩业公司 120 万吨/年连续重整装置岗位、工艺原理及工艺流程、原料来源及产品应用等；试卷笔答采用移动端题库平台，抽选岗位试题，试题均为浩业公司连续重整上岗考核试题；仿真操作考核项目为连续重整工艺反应-再生单元的开车操作。

3.3.5.2 考核办法

（1）现场提问考核　现场考核者为连续重整装置技术员或现场技术人员。考核方式为口头提问，并且记录。为单人单次逐一考核。

（2）试卷笔答考核　课程完成之后，要对学生（学徒）进行试题考核，试卷考核借助辽宁石化职业技术学院网络仿真平台题库系统，可通过手机 App 登录，出题者为企业车间技术人员，试题内容为连续重整车间操作人员上岗试题。

本课程的考核参考见表 3.12。

表 3.12　120 万吨/年浩业连续重整工艺实习考核参考

考核项目	考核内容	分值/分	考核对象
一、现场提问考核	①浩业公司 120 万吨/年连续重整装置组成及产品应用	10	试点班学生（学徒）
	②浩业公司 120 万吨/年连续重整装置的原料来源及预处理	10	
	③浩业公司 120 万吨/年连续重整装置的主要化学反应	10	
	④浩业公司 120 万吨/年连续重整装置生产工艺	10	
	⑤浩业公司 120 万吨/年连续重整装置工艺影响因素	10	
二、试卷笔答考核	①浩业公司 120 万吨/年连续重整反应原理	5	
	②浩业公司 120 万吨/年连续重整工艺流程	5	
	③浩业公司 120 万吨/年连续重整物料性质	5	
	④浩业公司 120 万吨/年连续重整工艺影响因素	5	
	⑤浩业公司 120 万吨/年连续重整装置各岗位技术要求	5	
	⑥浩业公司 120 万吨/年装置安全生产内容	5	
三、仿真操作考核	浩业公司 120 万吨/年连续重整工艺重整反应-分馏工段开车仿真	20	
合计		100	
说明	若由于特殊原因错过考核,可申请补考		

3.3.6　教学资源

3.3.6.1　实习条件

本课程的实习条件基本要求见表 3.13。

表 3.13　120 万吨/年浩业连续重整工艺实习课程实习条件基本要求

序号	名称	基本配置要求	场地大小/m²	功能说明
1	多媒体教室	配备多媒体设备,配有数量充足的学习设施	80	可完成日常的教学活动
2	120 万吨/年连续重整工艺仿真实训室	配备 50 台计算机及 1 套多媒体屏幕显示设备	120	可进行仿真操作练习
3	120 万吨/年连续重整装置软件	辽宁石化职业技术学院网络仿真培训平台		可通过网络配培训平台进行仿真及理论练习

续表

序号	名称	基本配置要求	场地大小/m²	功能说明
4	120万吨/年连续重整装置	连续重整装置、中控室、学习室	2500	可完成日常的实习活动
5	连续重整工艺实训装置	连续重整实训装置、中控系统、实训系统	200	可完成实训教学任务

3.3.6.2 教学资源基本要求

① 浩业公司120万吨/年连续重整工艺原理说明；

② 浩业公司120万吨/年连续重整装置操作规程；

③ 辽宁石化职业技术学院网络仿真培训平台；

④ 连续重整工艺课程相关的图书资料、多媒体课件、试题库、动画等教学资源。

3.3.7 说明

3.3.7.1 学生学习基本要求

① 掌握浩业公司120万吨/年连续重整工艺原理，掌握典型设备操作原理，通过学习可达到连续重整车间上岗要求；

② 掌握浩业公司120万吨/年连续重整装置的工艺流程，能够识图、说图、绘图；

③ 掌握浩业公司120万吨/年连续重整生产过程中工艺参数的变化规律，通过仿真练习，具有初步调节的能力；

④ 不断学习，掌握新技术、新知识，适应连续重整工艺的快速发展。

3.3.7.2 校企合作要求

① 与浩业公司120万吨/年连续重整车间技术人员共同确定岗位标准，明确教学内容，共同建设教材。

② 对整个教学工作实行校企双重管理，浩业公司120万吨/年连续重整车间要根据学徒制学生人数，按照每4~5名学生（学徒）安排1名专业技术人员作为兼课教师。兼课教师认真填写教学日志和严格评定学生学习成绩。无论学院教师还是浩业化工兼职教师，均从教学内容、教学环节、教学管理、教学效果等方面按月进行考核，合格后兑现工作量。

③ 企业和学校共同完成学徒制试点班各项管理考核，浩业公司120万吨/年连续重整车间技术人员负责学生的技能评价，学院指导教师负责理论知识评价，对于学生（学徒）成绩，按学院教务处相关规定执行。

④ 浩业公司为专业教师设立办公室，为学生（学徒）提供计算机仿真教室，学院提供120万吨/年连续生产装置的在线仿真教学软件。

⑤ 被学院聘为指导教师的浩业工程技术人员，按照浩业《师带徒协议》及《安全环保风险管理达标奖》签署师带徒协议。

⑥ 学习成绩优异的学生（学徒）可免去顶岗考核，直接进入浩业公司120万吨/年连续重整车间工作。

3.3.7.3 实施要求

① 现场实习期间，安全第一。

② 实习期间遵守浩业化工有限公司的相关规章制度，不迟到早退，不扰乱企业正常生产秩序。

③ 在实习期间，培养共同的职业信念，达成一致的价值观，具备爱岗敬业、诚实守信、勤奋工作的工匠精神。

④ 学生（学徒）接受学院与企业的现代学徒制考核评价与督查管理。实现学院、企业、第三方社会机构多方参与的考核评价。经校企共同考评合格的学徒，优先进入连续重整车间的重要岗位。

⑤ 实习期间，充分利用网络仿真培训平台，发挥平台的网络功能性，利用其中的 DCS 系统、手机 App、任务管理功能，多资源综合完成实习。

3.4 140万吨/年浩业催化裂化工艺实习标准

3.4.1 基本信息

140 万吨/年浩业催化裂化工艺实习课程的基本信息见表 3.14。

表 3.14 140 万吨/年浩业催化裂化工艺实习课程基本信息

适用车间或岗位	催化裂化车间		
课程性质	技能课程	课时	52 学时
授课方式	教师讲授、做中学与学生自主学习相结合		
先修课程	有机化学、化工原理、石油及产品分析技术、化工仪表、化工设备、浩业催化裂化工艺等		

3.4.2 实习目的

3.4.2.1 企业相关要求

盘锦浩业化工有限公司催化裂化装置年产量 140 万吨，该装置工艺流程和操作控制方案简单，包括反应-再生部分、烟机-主风机部分、分馏部分、气压机部分、吸收稳定部分、产汽系统和余热锅炉部分，现有员工 60 名左右。

企业要求通过此门课程的学习，使学生（学徒）熟悉催化裂化装置的现场工艺流程；掌握该装置的各岗位开车、停车、主要操作参数调节与控制以及异常事故处理的 DCS 仿真操作。同时具有良好的职业素养、合作意识、接受与创新能力、安全意识等素质，认同浩业企业文化，毕业即可到盘锦浩业化工有限公司催化裂化车间顶岗工作。

3.4.2.2 实习目标

通过本课程的学习和训练，现代学徒制试点班学生应该具备以下知识、能力和素质：

（1）知识目标

① 熟练掌握催化裂化工艺流程；

② 熟悉催化裂化各岗位的工艺控制流程图；

③ 掌握催化裂化所有设备用途；

④ 熟悉催化裂化各岗位工艺指标；

⑤ 熟悉催化裂化装置的开车、停车以及异常事故处理的步骤；

⑥ 熟悉影响催化裂化产品质量的因素及控制与调节方法。

（2）能力目标

① 能看懂催化裂化各岗位的操作规程；

② 能绘制简单工艺流程图；

③ 能识读催化裂化各岗位带控制点的工艺流程图；

④ 能按工艺指标要求和岗位操作要领在仿真软件上进行开车、停车操作；

⑤ 能按工艺指标要求和岗位操作要领在仿真软件上进行异常事故处理；

⑥ 能在催化裂化仿真软件上将因操作变动所引起的质量波动调节至正常。

（3）素质目标

① 具有职业素质：不迟到早退；不无故旷工；在生产岗位能够不怕脏累，做到吃苦耐劳，脚踏实地。

② 具有合作意识：小组成员分工协作共同完成装置的仿真操作。

③ 语言和文字表达能力：能按要求填写好操作记录和交接班日记，语言、文字表达清楚、准确；能按要求写出事故经过、原因及分析报告；分组汇报讨论时语言表述清晰、简洁。

④ 联系能力：能熟练地与装置各个岗位之间进行工作联系。

⑤ 接受与创新能力：不断学习新知识，能对装置工艺、设备及操作提出改进意见。

⑥ 安全意识：能按规程操作，有安全生产和自我保护意识。

3.4.3 实习内容

本课程的实习内容见表3.15。

表 3.15　140 万吨/年浩业催化裂化工艺实习课程实习内容

周次	星期	学时	实习内容
1	星期一	6	安全教育、浩业催化裂化装置反应岗现场工艺流程
	星期二	6	浩业催化裂化装置反应-再生岗现场工艺流程
	星期三	4	浩业催化裂化装置主风-烟气能量回收系统现场工艺流程
	星期四	6	浩业催化裂化装置分馏岗现场工艺流程
	星期五	4	浩业催化裂化装置吸收-稳定岗现场工艺流程
2	星期一	6	浩业催化裂化装置反应-再生开车仿真操作
	星期二	6	浩业催化裂化装置反应-再生开车、事故处理仿真操作
	星期三	4	浩业催化裂化装置反应-再生停车、事故处理仿真操作
	星期四	6	浩业催化裂化装置分馏吸收-稳定开车仿真操作
	星期五	4	浩业催化裂化装置分馏吸收-稳定停车、事故处理仿真操作

3.4.4 实习具体任务及要求

3.4.4.1 具体任务

① 绘制浩业催化裂化装置反应-再生岗、分馏岗以及吸收-稳定岗的现场工艺流程图；

② 学会仪表控制方案；

③ 掌握各个参数的控制方法；

④ 思考各个参数控制过程中的相关联系，学会调节方法；

⑤ 重点学会催化裂化装置反应-再生，分馏吸收-稳定岗开车、停车，以及事故处理的仿真操作，达到平稳操作。

3.4.4.2 要求

① 认真遵守实习纪律，严格要求自己，保证实习时间；

② 提前做好预习，做到准备充分；

③ 实习过程中不等、不靠，积极主动思考和学习；

④ 按照要求完成所有实习内容；

⑤ 能够理论联系实际，操作中认真思考，分析实际操作中出现的问题，严格按照操作规程进行；

⑥ 实习成绩达到合格以上。

3.4.5 考核方案

3.4.5.1 考核内容及形式

本课程的考核内容及形式见表 3.16。

表 3.16　140 万吨/年浩业催化裂化工艺实习考核内容及形式

方式	内容	考核形式	权重	
平时成绩	实习态度、纪律及出勤	日常考勤	100%	10%
实习报告	实习报告编写质量	批阅报告	100%	20%
实际操作	浩业催化裂化装置工艺流程	企业人员面试	50%	70%
	浩业催化裂化装置仿真操作	计算机系统评分	50%	
总分			100 分	

3.4.5.2 考核标准

（1）平时成绩　可参考表 3.17 进行判定。

表 3.17　平时成绩评价参考

成绩	评价
优	实习态度认真,不做与实习无关的事,能够按照实习要求在规定时间内完成实习任务,遵守作息时间,全勤
良	实习态度认真,不做与实习无关的事,能够按照实习要求在规定时间内完成实习任务,遵守作息时间,有病、事假
中	实习态度较认真,实习期间做与实习无关的事(玩游戏等),基本能够按照实习要求在规定时间内完成实习任务,有病、事假或迟到、早退现象
及格	实习态度一般,实习期间做与实习无关的事(玩游戏等),基本能够按照实习要求在规定时间内完成实习任务,有多次迟到、早退现象或病、事假累计达到 3 天
不及格	实习态度不认真,迟到、早退现象严重或病、事假累计达到 3 天以上。实习期间做与实习无关的事(玩游戏等),不能够按照实习要求在规定时间内完成实习任务

（2）实习报告　实习报告的评价可参考表 3.18。

表 3.18　实习报告评价参考

成绩	评价
优	实习报告内容完整、正确；工艺流程图规范；报告工整、书写认真；能够结合个人实习情况做出总结
良	实习报告内容完整；工艺流程图规范；报告工整、书写认真；能够结合个人实习情况做出总结
中	实习报告内容完整，绘图较规范，书写认真，存在一定错误
及格	实习报告内容完整，书写较认真，存在一定错误
不及格	实习报告内容不完整，书写不认真，绘图不规范

（3）实际操作

① 工艺流程。工艺流程实际操作评价可参考表 3.19。

表 3.19　工艺流程操作评价参考

成绩	评价
优	熟练掌握浩业催化裂化装置工艺流程，熟悉现场设备，能够熟练摸查现场装置的工艺流程，准确回答企业人员（师傅）的问题，语言表述言简意赅
良	熟练掌握浩业催化裂化装置工艺流程，熟悉现场设备，能够摸查现场装置的工艺流程，较准确回答企业人员（师傅）的问题
中	掌握浩业催化裂化装置工艺流程，熟悉现场设备，能够摸查现场装置的工艺流程，较准确回答企业人员（师傅）的问题
及格	掌握浩业催化裂化装置工艺流程，熟悉现场设备，能够摸查现场装置的工艺流程，回答企业人员（师傅）的部分问题
不及格	没有掌握浩业催化裂化装置工艺流程，不熟悉现场设备，不能够摸查现场装置的工艺流程，没能回答企业人员（师傅）的问题

② 仿真操作。仿真操作评价可参考表 3.20。

表 3.20　仿真操作评价参考

成绩	评价
优	计算机评价系统评分为 90 分及以上
良	计算机评价系统评分为 80～89 分
中	计算机评价系统评分为 70～79 分
及格	计算机评价系统评分为 60～69 分
不及格	计算机评价系统评分为 59 分及以下

3.4.6　教学资源

3.4.6.1　实习条件

本课程的实习条件基本要求见表 3.21。

表 3.21　140 万吨/年浩业催化裂化工艺实习课程实习条件基本要求

序号	名称	基本配置要求	场地大小/m²	功能说明
1	装置仿真实训室	网络环境,1 套投影设备,50 台计算机与针对浩业催化裂化装置开发的仿真软件,若干外设备	200	具备教、学、做一体化教室功能,为浩业催化裂化装置生产实习课程 DCS 仿真操作提供条件
2	校外实习基地	浩业催化裂化车间		为浩业催化裂化装置生产实习课程现场教学、实践操作提供条件

3.4.6.2　教学资源基本要求

① 来自浩业公司提供的企业生产操作规程、生产案例等企业生产资源;

② 针对浩业催化裂化装置开发的仿真软件;

③ 浩业催化裂化装置 DCS 仿真操作手册;

④ 与浩业公司合作开发的《浩业催化裂化装置生产实习》实习指导书。

3.4.7　说明

3.4.7.1　学生学习基本要求

① 具备一定的理解能力与表达能力;

② 具备一定的专业基础知识;

③ 具有集体荣誉感和责任心;

④ 具有健康的心理素质和强健的体魄;

⑤ 具有适应催化裂化装置快速发展的能力。

3.4.7.2　校企合作要求

① 与浩业催化裂化车间技术人员共同确定实习内容,共同建设实习指导书;

② 浩业催化裂化车间技术人员负责学生现场装置的工艺流程评价;

③ 学生能够进入浩业催化裂化车间进行学习;

④ 对整个教学工作实行校企双重管理,浩业各生产车间要根据学徒制学生人数,按照每 4~5 名学生安排 1 名专业技术人员作为兼课教师。兼课教师要认真填写教学日志和严格评定学生学习成绩。

3.4.7.3　实施要求

① 根据实际情况,教学时数可适当增减。

② 浩业公司为专业教师设立办公室,为学生提供计算机仿真教室,学院提供相应生产装置的在线仿真教学软件。

③ 教学过程中,浩业催化裂化车间技术人员对学徒(学生)进行现场教学;盘锦浩业化工有限公司建设具有"教、学、做"一体化功能的仿真实训室,同时配备针对浩业催化裂化装置开发的仿真软件。学习与浩业催化裂化装置相匹配的技术知识和岗位操作技能,做到学以致用,调动学生学习的积极性与主动性。

④ 企业和学校共同完成学徒制试点班各项管理考核,对于学生成绩,按学院教务处相

关规定执行。

⑤ 无论学院教师还是浩业兼职教师，均从教学内容、教学环节、教学管理、教学效果等方面按月进行考核，合格后兑现工作量。

⑥ 被学院聘为指导教师的浩业公司工程技术人员，按照浩业《师带徒协议》及《安全环保风险管理达标奖》签署师带徒协议。

3.4.7.4 课程优势

① 学校和浩业共同参与，整个过程更加强调人才培养的"质量"，有利于全面提高学生（学徒）的实践能力。

② 对于企业可缩短企业培训时间，降低企业的培训成本，对于学生可跳过实习期提前就业。

③ 在掌握浩业催化裂化装置现场流程的基础上，再进行 DCS 仿真操作，学生亲自动手进行反复操作，能够更全面、具体和深入地了解生产过程、工艺及操作。

3.5 40万吨/年浩业延迟焦化工艺实习标准

3.5.1 基本信息

40万吨/年浩业延迟焦化工艺实习课程的基本信息见表 3.22。

表 3.22 40 万吨/年浩业延迟焦化工艺实习课程基本信息

适用车间或岗位	延迟焦化车间		
课程性质	技能课程	课时	26学时
授课方式	仿真操作＋装置现场实习		
先修课程	有机化学、化工原理、浩业延迟焦化工艺		

3.5.2 教学目标

3.5.2.1 企业相关要求

盘锦浩业化工有限公司40万吨/年延迟焦化装置始建于2012年，2014年8月竣工，装置年开工时数8400小时，设计生焦周期为24小时。

延迟焦化装置采用可灵活调节循环比的一炉两塔工艺流程，其工艺主要包括焦化部分、分馏部分、吸收稳定部分、吹汽放空部分、水力除焦部分、切焦水部分、冷焦水处理部分等。

延迟焦化属于重要的石油二次加工过程，本装置以减压渣油为原料，经过以裂解和缩合为主的焦化反应，生成一系列产品，主要产品包括干气、液化石油气、焦化汽油、焦化柴油、焦化蜡油和石油焦。产品干气、液化石油气去硫黄装置脱硫，焦化石脑油、焦化柴油去汽柴油加氢精制装置，焦化蜡油去油品罐区，石油焦出厂销售。

企业要求通过本门课程的学习，使学生（学徒）掌握延迟焦化的工艺原理、工艺流程及主要工艺设备，熟悉岗位设置及岗位职责，了解岗位的安全要求，熟悉岗位对应的安全风险点，熟悉常用消防、救援和防护器材的使用、维护保养方法，熟悉设备操作规范等相关知识，为学生（学徒）成长为合格的一线操作员工打下坚实的基础。并且使学生进一步了解浩业企业文化，提高企业认同感，培养良好的职业素养和工匠精神。

3.5.2.2 实习目标

通过本课程的实习和训练，现代学徒制试点班学生应该具备以下知识、能力和素质：

（1）知识目标

① 了解浩业延迟焦化装置的企业地位、作用；

② 了解浩业延迟焦化装置的安全注意事项；

③ 熟悉浩业延迟焦化装置的工艺生产原理；

④ 掌握浩业延迟焦化装置的工艺流程；

⑤ 掌握浩业延迟焦化装置的核心设备及操作方法；

⑥ 熟悉岗位巡检等日常工作和装置定期工作内容；

⑦ 了解产品质量调整方法；

⑧ 了解常见异常处理及处理方法；

⑨ 熟悉常用消防、救援和防护器材的使用、维护保养方法；

⑩ 掌握延迟焦化仿真 DCS 的操作方法。

（2）能力目标

① 能识读延迟焦化装置的各主要生产单元工艺流程；

② 能绘制、说明各关键岗位的工艺流程简图；

③ 能在现场查找关键设备和主要流程；

④ 能说明装置各岗位的安全风险点；

⑤ 能利用 DCS 仿真软件熟练进行延迟焦化工艺的开工、停工和事故处理等操作。

（3）素质目标

① 培养学生环境保护意识、经济意识和安全意识；

② 培养学生团结合作、吃苦耐劳的职业素养；

③ 培养学生实事求是、精益求精的工匠精神；

④ 培养学生严谨的工作作风；

⑤ 能够认同企业文化并适应化工生产的工作方式。

3.5.3 项目与课时分配

本课程的课题与课时分配见表 3.23。

表 3.23 40 万吨/年浩业延迟焦化工艺实习课程课题与课时分配

序号	课题名称	总课时/学时	课时分配/学时		
			现场	仿真	其他
1	延迟焦化装置概况、岗位设置及日常工作	2	2		
2	延迟焦化装置的安全注意事项	2	2		
3	延迟焦化的工艺原理、工艺流程	8	4	4	

序号	课题名称	总课时/学时	课时分配/学时		
			现场	仿真	其他
4	延迟焦化装置核心设备及操作控制	14	6	8	
	合计	26	14	12	

3.5.4　教学内容

课题一　延迟焦化装置概况、岗位设置及日常工作（2学时）

（1）浩业化工有限公司延迟焦化装置概况（现场1学时）

（2）延迟焦化装置的岗位设置及日常工作（现场1学时）

课题二　延迟焦化装置生产的安全注意事项（2学时）

（1）延迟焦化车间安全要求及教育，岗位对应安全风险点（现场1学时）

（2）常用消防、救援和防护器材的使用、维护保养方法（现场1学时）

课题三　延迟焦化的工艺原理、工艺流程（8学时）

（1）延迟焦化装置的总貌总体流程、工艺流程（仿真1学时）

（2）延迟焦化装置反应岗位的总体流程、工艺原理（现场2学时＋仿真1学时）

（3）延迟焦化装置分馏岗位的总体流程、工艺流程（现场1学时＋仿真1学时）

（4）延迟焦化装置吸收稳定岗位的总体流程、工艺原理（现场1学时＋仿真1学时）

课题四　延迟焦化装置核心设备及操作控制（14学时）

（1）主要设备结构原理（现场2学时）

（2）主要设备的操作方法（现场4学时）

（3）主要设备参数的调节控制（仿真8学时）

3.5.5　考核方案

3.5.5.1　考核项目

考核方式采用现场提问、试卷笔答、仿真操作考核三者相结合的考核模式。现场提问项目包括：装置岗位、工艺原理及工艺流程、原料来源及产品等；试卷笔答采用移动端题库平台，抽选岗位试题，试题均为浩业公司延迟焦化上岗考核试题；仿真操作考核项目为延迟焦化工艺的开车操作。

3.5.5.2　考核办法

（1）现场提问考核　现场考核评价人为延迟焦化装置技术员或现场技术人员。考核方式为口头提问，为单人单次逐一考核，并且记录考核成绩。

（2）试卷笔答考核　出题组卷人为延迟焦化装置技术员。试题内容为延迟焦化车间操作人员上岗试题。测试时间安排在课程完成后进行试题考核，试卷考核借助辽宁石化职业技术学院网络仿真平台题库系统，可通过手机App登录。

（3）仿真操作考核　借助辽宁石化职业技术学院网络仿真平台系统，考核内容为延迟焦化装置的冷态开车操作。测试时间安排在课程完成后进行，成绩由计算机软件评定。

成绩考核评定见表 3.24。

表 3.24　成绩考核评定

考核项目	考核内容	分值/分	考核对象
一、现场提问考核	①装置组成、原料及产品应用	5	试点班学生（学徒）
	②装置的主要设备	10	
	③延迟焦化工艺	10	
	④岗位设置及日常工作	10	
	⑤常用消防、救援和防护器材的使用、维护保养方法	5	
二、试卷笔答考核	①延迟焦化反应原理	5	
	②延迟焦化工艺流程	15	
	③延迟焦化生产影响因素	5	
	④延迟焦化各岗位操作	10	
	⑤安全生产内容	5	
三、仿真操作考核	延迟焦化开车仿真	20	
合计		100	
说明	若由于特殊原因错过考核,可申请补考		

3.5.6　教学资源

3.5.6.1　实习条件

本课程的实习条件基本要求见表 3.25。

表 3.25　40 万吨/年浩业延迟焦化工艺实习课程实习条件基本要求

序号	名称	基本配置要求	场地大小/m²	功能说明
1	浩业公司延迟焦化车间	延迟焦化装置、中控室、学习室	2500	可完成日常的实习活动
2	延迟焦化工艺仿真实训室	配备 24 台计算机及多媒体屏幕显示设备	60	可进行仿真操作练习

3.5.6.2　教学资源基本要求

① 浩业公司延迟焦化工艺流程；
② 浩业公司延迟焦化装置操作规程；
③ 辽宁石化职业技术学院网络仿真培训平台；
④ 课程相关的图书资料。

3.5.7　说明

3.5.7.1　学生学习基本要求

① 掌握延迟焦化工艺原理，掌握典型设备原理及操作，通过学习可达到焦化车间上岗要求；

② 掌握浩业公司延迟焦化装置的工艺流程，能够识图、读图和绘图；

③ 掌握延迟焦化生产过程中工艺参数的影响，通过仿真练习，具有初步调节的能力；

④ 掌握新技术、新知识，适应延迟焦化工艺的快速发展。

3.5.7.2 校企合作要求

① 与浩业化工延迟焦化车间技术人员共同确定实习标准，明确实习内容，共同建设实习教材；

② 浩业化工延迟焦化车间技术人员指导现场实习；

③ 浩业化工延迟焦化车间技术人员负责学生现场提问考核和组卷考试；

④ 学校老师负责仿真操作指导及考核；

⑤ 成绩优异的学生可免去顶岗考核，直接进入延迟焦化车间上岗。

3.5.7.3 实施要求

① 现场实习期间，安全第一。

② 实习期间按照准员工标准，遵守浩业化工有限公司的相关规章制度，不迟到早退，不扰乱企业正常生产秩序。

③ 在实习期间，培养职业信念，认同企业文化，培养爱岗敬业、诚实守信、勤奋工作的工匠精神。

④ 学生（学徒）接受学院与企业的现代学徒制考核评价与督查管理。实现学院、企业、第三方社会机构三方参与的考核评价。经校企共同考评合格的学徒，优先进入延迟焦化车间的重要岗位工作。

⑤ 实习期间，充分利用网络仿真培训平台，发挥平台的网络功能性，利用其中的 DCS 系统、手机 App、任务管理功能，多资源综合完成实习。